Arbeitsheft

Lernfelder Metalltechnik 1
Projektorientierte Arbeiten

Lernfelder 1–4

12. Auflage

von
Robert Hönmann
Werner Glocker
Manfred Riß
Martin Bissinger

Lernfelder

Fertigen von Bauelementen mit handgeführten Werkzeugen
Fertigen von Bauelementen mit Maschinen
Herstellen von einfachen Baugruppen
Warten und Inspizieren von technischen Systemen

Handwerk und Technik – Hamburg

Einführung

Dieser Lehrgang ist entsprechend den Lernfeldern des Rahmenlehrplans für das 1. Ausbildungsjahr an Berufs- und Berufsfachschulen für industrielle und handwerkliche Metallberufe konzipiert. Er kann aber auch im Berufskolleg, im Technischen Gymnasium und in vergleichbaren Schularten eingesetzt werden.

Baugruppen als Leitbeispiele

Durch die Anbindung der Lerninhalte an die Leitbeispiele:

- Prüfvorrichtung
- Schraubzwinge
- Biegewerkzeug
- Umlenkrolle
- Zahnradpumpe
- Absperrventil

wird ein praxisorientierter und ganzheitlicher Unterricht erreicht. Zum Teil ist eine Fertigung in der Fachpraxis möglich. Dabei sind die im Lehrgang anzufertigenden Teilzeichnungen, Fertigungspläne und sonstigen technischen Unterlagen einzusetzen.

Lernfelder und Inhalte laut Rahmenlehrplan

Die Aufgaben dieses Lehrgangs beziehen sich auf technologische Problemstellungen aus den folgenden und weiteren hier nicht aufgeführten berufsbezogenen Arbeitsgebieten:

- Grundlagen der technischen Kommunikation
- Auswertung von Gesamtzeichnungen
- Anfertigung von Teilzeichnungen
- Werkstoffe und Halbzeuge
- Oberflächenbeschaffenheit
- Toleranzen und Passungen
- Zerspanungsgrößen
- Fertigungs- und Prüfpläne
- Gewinde und Verschraubungen
- Umformen durch Biegen
- Hartlötgruppe und Schweißteile
- Schneid- und Schmierstoffe
- Montage und Instandsetzung
- Anordnungs- und Schaltpläne
- Umwelt- und Arbeitsschutz
- Projektbezogene Berechnungen

Die Arbeitsgebiete beziehen sich auf die folgenden Lernfelder und die ihnen zugeordneten Baugruppen:

▶ Lernfeld 1:	Fertigen von Bauelementen mit handgeführten Werkzeugen	Prüfvorrichtung Schraubzwinge
▶ Lernfeld 2:	Fertigen von Bauelementen mit Maschinen	Biegewerkzeug
▶ Lernfeld 3:	Herstellen von einfachen Baugruppen	Umlenkrolle
▶ Lernfeld 4:	Warten technischer Systeme	Zahnradpumpe Absperrventil

Ziele des Lehrgangs

Bei der Entwicklung des Lehrgangs stand im Vordergrund:

- Praxisorientierung
- Veranschaulichung mittels berufsnaher Beispiele
- Erfolgssicherung durch fachliche ergänzende Informationstexte
- Schüleraktivität durch selbstständiges Arbeiten an verschiedenartigen Aufgaben
- Arbeiten mit verschiedenen Informationsquellen

Hinweise zum Einsatz des Lehrgangs

Die Teilüberschriften innerhalb der Projekte nennen die hauptsächlichen Schüleraktivitäten.
Eine rasche Orientierung über Inhalte und Ziele der Aufgaben ist deshalb leicht möglich.

Je nach Leistungsstand können die Aufgaben im Unterrichtsgespräch oder in Gruppen-, Partner- oder Einzelarbeit gelöst werden. Dabei müssen nicht alle Aufgaben bearbeitet werden, sondern können z. B. in Abhängigkeit

- vom Leistungsstand,
- vom beruflichen Schwerpunkt

entfallen.

Im lernfeldorientierten Unterricht werden verschiedenartige Materialien und Quellen verwendet.
Zur Lösung der Aufgaben kann das Lehrbuch (**3010**), das Tabellenbuch (**3291**) und das Internet verwendet werden. Zudem stellt der Verlag Handwerk und Technik GmbH Zusatzmaterialien und Zusatzaufgaben unter **www.handwerk-technik.de/links/3051** zur Verfügung.

Teilweise können die Lösungen in die Arbeitsblätter eingetragen werden. Einige Aufgaben erfordern jedoch auch das Arbeiten auf zusätzlichen Blättern.

Folgende Symbole am Seitenrand weisen im Besonderen auf die Art der Aufgabe sowie notwendige Arbeits-/Hilfsmittel hin:

 = Bitte mit Farbstiften arbeiten.

 = Bitte mit dem Tabellen- oder Lehrbuch arbeiten.

 = Bitte mit dem Taschenrechner arbeiten.

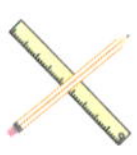 = Bitte Skizze bzw. Zeichnung erstellen – Bleistift und Lineal verwenden.

 = Bitte auf zusätzlichem Schreib- bzw. Zeichenpapier arbeiten.

 = Bitte im Internet arbeiten.

= Bitte Zeichnung mit CAD-Programm erstellen.

 = Bitte Zusatzmaterial als Download-Material bei **Handwerk und Technik** herunterladen bzw. ausdrucken.

Wir wünschen viel Erfolg beim Bearbeiten der Arbeitsaufträge.

Prüfvorrichtung

Mit der Prüfvorrichtung lassen sich zylindrische Werkstücke waagerecht positionieren. Die Gesamtzeichnung zeigt die Prüfvorrichtung in drei Ansichten (Blickrichtungen) mit gedachten Schnitten, erkennbar an der Schraffur.

1. Ordnen Sie die folgenden Benennungen den Ansichten richtig zu.
Gesamtzeichnung, Werkstück, Vorderansicht – A –, Draufsicht – B – und Seitenansicht von links – C –

2. Legen Sie die Pos. 1 (rot), Pos. 2 (grün) und Pos. 3 (blau) in allen Ansichten verschiedenfarbig an.

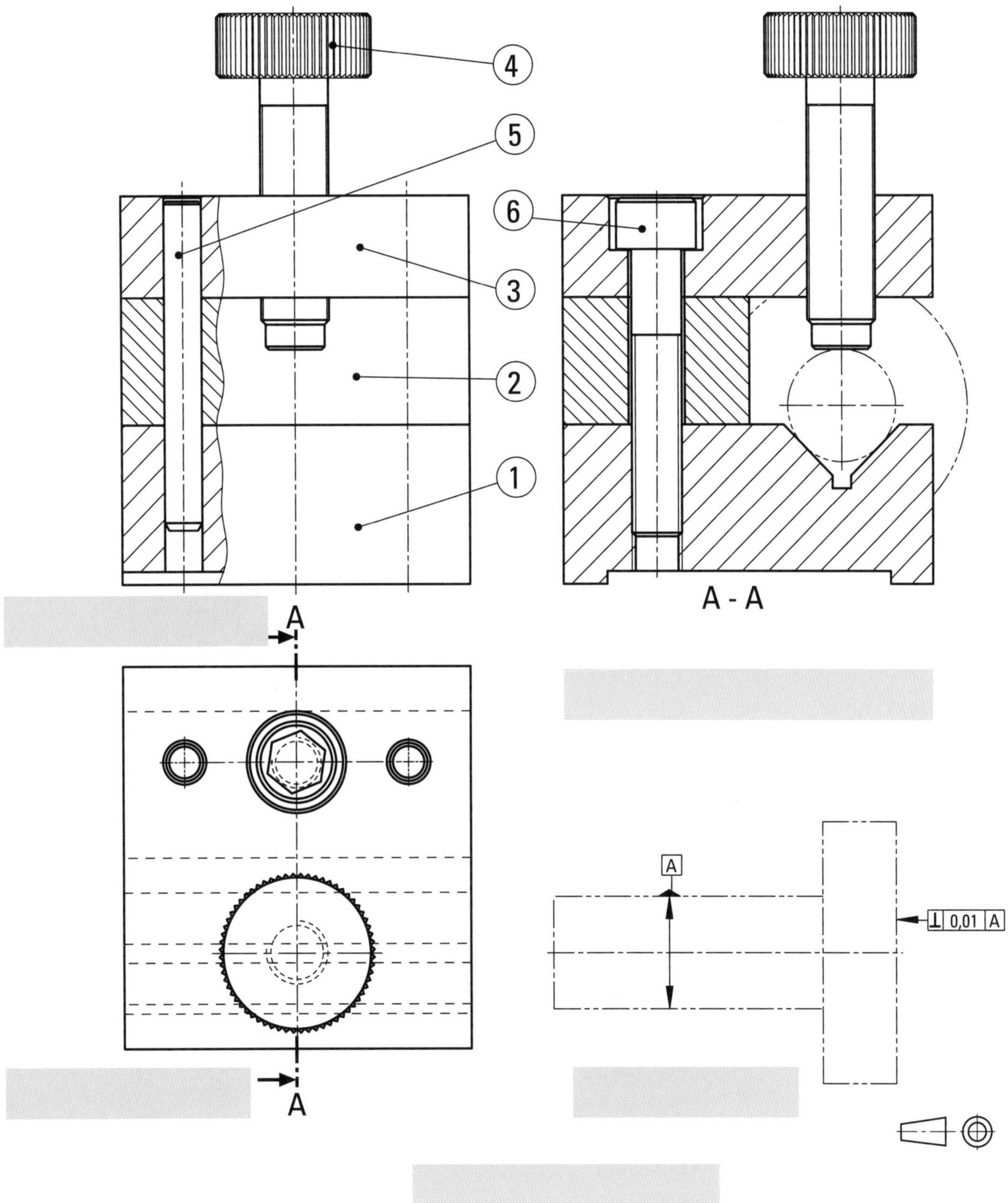

Prüfvorrichtung Maßstab 1 : 1 Allgemeintoleranz ISO 2768 - mK

6	1	Zylinderschraube ISO 4762 - M8 x 45	24CrMo5, 8.8	
5	2	Zylinderstift ISO 8734 - 6 x 50	100Cr4, B - St	
4	1	Rändelschraube	16MnCr5	Rd EN 10278- 28h11 x 60
3	1	Spannplatte	S235JR	Fl EN 10278 - 60 x 16 - 58
2	1	Zwischenplatte	S235JR	Fl EN 10278 - 30 x 20 - 58
1	1	Prismenplatte	S235JR	Fl EN 10278 - 60 x 25 - 58
Pos.	Menge	Benennung / Norm-Kurzbezeichnung	Werkstoff	Halbzeug / Bemerkung

Stückliste

Darstellungsarten und Stückliste

Ihre berufliche Tätigkeit erfordert eine ständige Kommunikation zwecks Werkzeugauswahl, Montage sowie Prüfung von Werkstücken. Folgende Informationsquellen stehen Ihnen dabei zur Verfügung: *Teil- und Gesamtzeichnungen, Pläne zu Arbeitsablauf und Funktionen, Nachschlagewerke mit Normen, Tabellen und Diagrammen.*

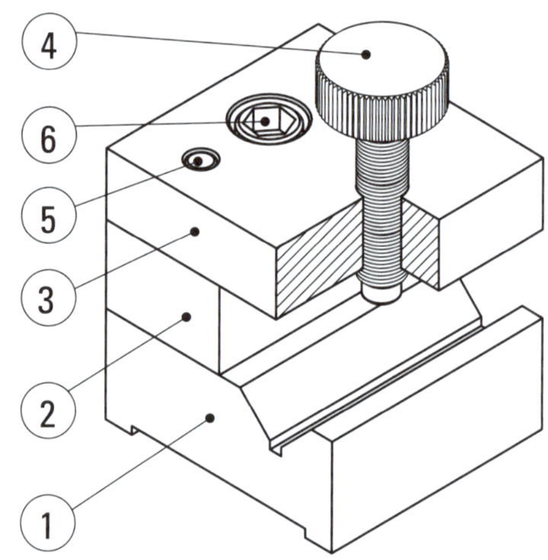

Schrägbild

3. Legen Sie in der Gesamtzeichnung als **Schrägbild** sowie in der **Explosionszeichnung** die Pos. 1 bis Pos. 6 farbig an.
Beachte: Pos. 1 bis Pos. 3 wie in Aufgabe 1; Pos. 4 in grau, Pos. 5 in gelb und Pos. 6 in braun.
Ergänzen Sie anschließend die fehlenden Positionsnummern in der **Explosionszeichnung.**

4. Wozu werden die verschiedenen Zeichnungen verwendet?

a) Gesamtzeichnung als Schrägbild:

b) Explosionszeichnung:

c) Gesamtzeichnung (siehe Seite 5):

d) Teilzeichnung:

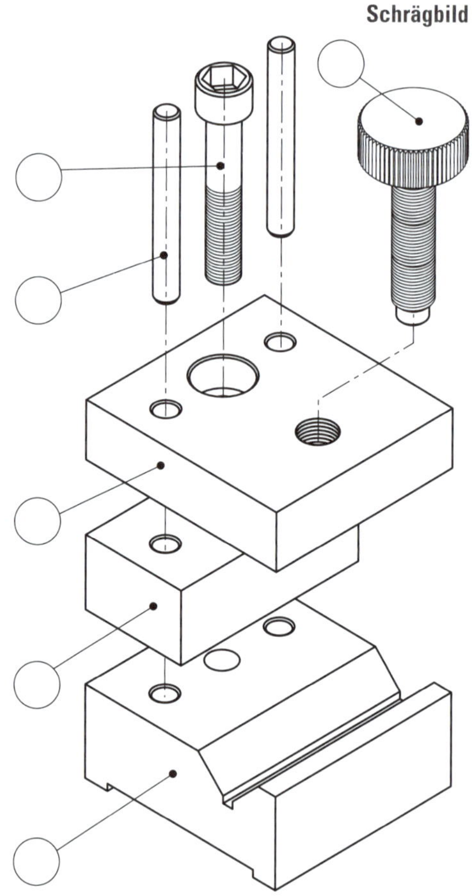
Explosionszeichnung

Informationen aus der Stückliste (siehe auf Seite 6):

5. **a)** Welche Geometrieelemente lassen sich aus dem Wort „Rändelschraube" ableiten?

b) Um welche Art von Zylinderstiften ISO 8734 handelt es sich bei Pos. 5?

c) Entschlüsseln Sie die Angaben in Pos. 3:

S235JR:

Fl EN 10278 - 60 x 16 - 58:

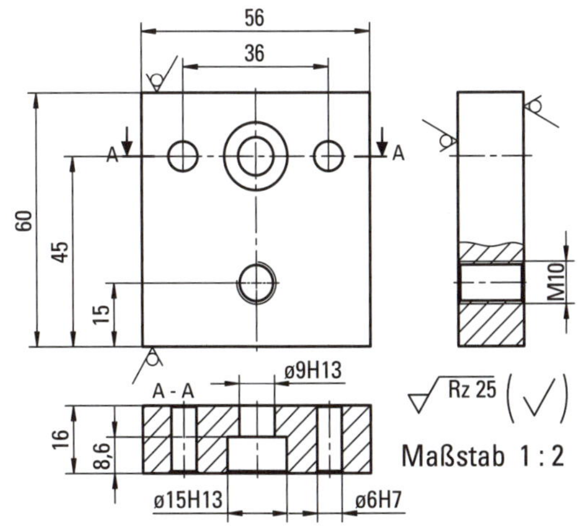

Pos.	Menge	Benennung/Norm-Kurzz.	Werkstoff	Halbzeug/Bemerkungen
3	1	Spannplatte	S235JR	Fl EN 10278 - 60 x 16 - 58
Maßstab 1:2		Datum / Name		Klasse / Schule
	bearbeitet			
Allgemeintoleranzen ISO 2768 - mK	geprüft			
	Prüfvorrichtung			Fach Nr.

Teilzeichnung

Montage der Prüfvorrichtung:

6. **a)** Beschreiben Sie die Montage mündlich mit eigenen Worten.

b) Ergänzen Sie den Gruppenbuchstaben sowie die fehlenden Positionsnummern im Montageplan.

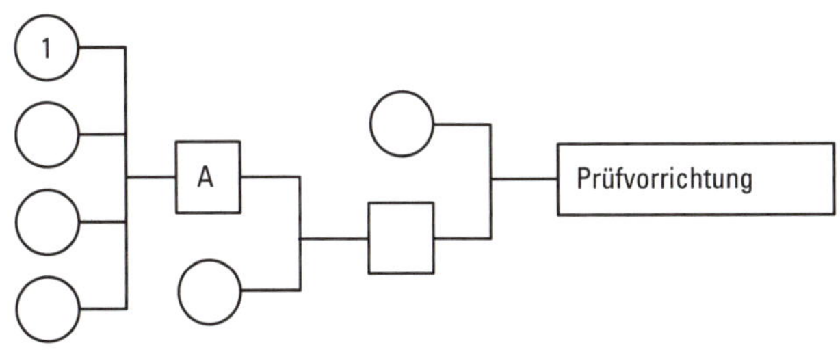

Montageplan

Linienarten in technischen Zeichnungen

In technischen Zeichnungen werden Baugruppen und Werkstücke mit unterschiedlichen Linien dargestellt und bemaßt (siehe Teilzeichnung rechts).

7. Ordnen Sie die Nummern 1 bis 9 der Teilzeichnung rechts im Text richtig zu und ergänzen Sie mit Hilfe des Tabellenbuchs

Seite ______ .

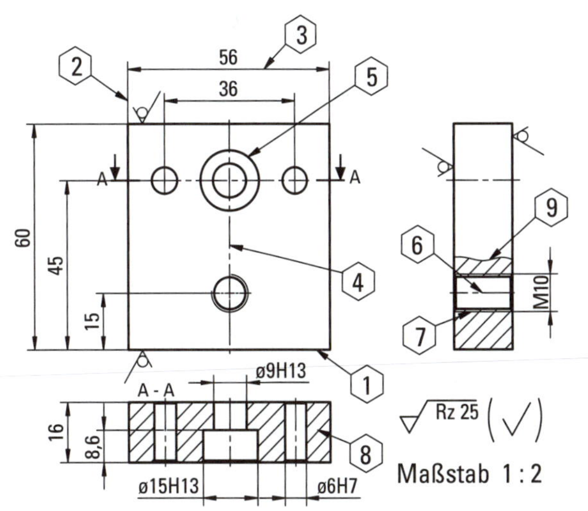

Teilzeichnung

- Man unterscheidet u. a. breite ___ , ___ und schmale ___ , ___ , ___ , ___ Volllinie, schmale Strichpunktlinie ___ , ___ und Freihandlinie ___ .
- Eine Linienart kann mehrere Bedeutungen haben. Zum Beispiel kann eine schmale Volllinie auch eine Hinweis- oder ______ linie (8) sein.
- Die Linienbreiten einer Zeichnung stehen im Verhältnis ______ und hängen vom ______ ab. Beim Format A4 sind die Linien oft 0,5 mm und 0,25 mm breit. Beim Format A3 sind demnach die Linien ______ mm und ______ mm breit.

8. Ordnen Sie die (unterstrichenen) Aussagen zur Linienausführung des folgenden Textes den Linienstärken unten richtig zu.

- Bei Umrisslinien sind die Ecken scharfkantig auszuführen.
- Der Strich bei Strichlinien ist rund 4 mm und die Lücke rund 1 mm lang. Bei Ecken und Verzweigungen stoßen immer Striche aufeinander.
- Bei Strichpunktlinien ist der Strich rund 7 mm lang, die Lücken und der „Punkt" rund 1 mm lang.
- Bruchlinien bei Metallen werden nicht übertrieben unregelmäßig gezeichnet.

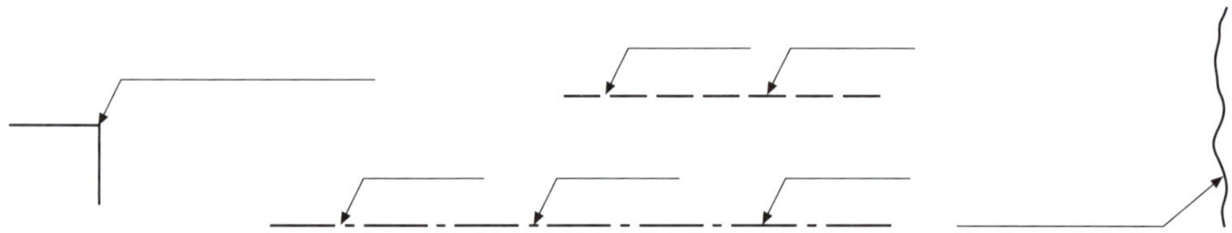

Linienstärken

9. Ordnen Sie den Linienarten die Linienbreiten (siehe rechts) richtig zu (Format A4).

Linienart	Linienbreite

10. Vervollständigen Sie die rechts dargestellten Linienarten.

11. Geben Sie die Verwendung der Linien an (siehe Teilzeichnung vorherige Seite).

Nr.	Linienart	Verwendung
1		
2		
3		
4		
5		
6		
7		
8		
9		

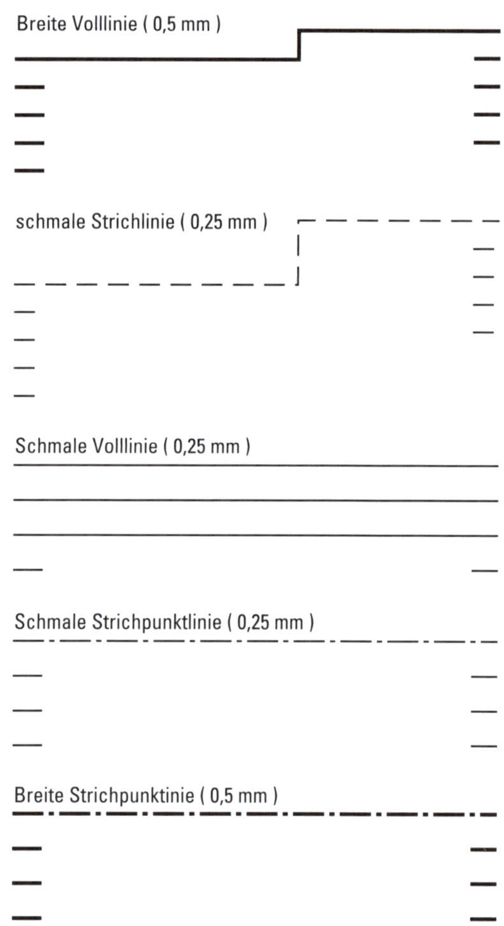

Linienarten

Technische Zeichnung erstellen

Technische Zeichnungen werden heute meist im CAD-Verfahren (*CAD* = **C**omputer **A**ided **D**esign) auf Computern erstellt und bei Bedarf geplottet (ausgedruckt). Dazu ist es notwendig, bestimmte Einstellungen vorzunehmen. Auch müssen Facharbeiter und Facharbeiterinnen durchaus noch einfache Zeichnungen und Skizzen auf Papier anfertigen können. Diese Tätigkeit fördert auch im besonderen Maße das Zeichnungslesen.

Formate von Zeichnungsvordrucken

Für die Zeichnungen werden bestimmte Papier-Endformate gemäß ISO 5457 verwendet.
Für die Zeichenarbeiten in diesem Lehrgang genügt das Format A4 mit Karierung.

- Das Ausgangsformat A0 ist ein Rechteck mit ____ m^2 Fläche.
- Die Seiten der Formate stehen im Verhältnis 1 : ____ .
- Die Formate A1, A2, A3 usw. entstehen durch Halbieren der langen Seite des Vorgängerformats.
- Die Papier – „Stärken" sind flächenbezogene Masseangaben, z. B. 80 ____ .

12. Ergänzen Sie in der Tabelle Papier-Endformate die fehlenden Papierabmessungen.

Format	A0	A1	A2	A3	A4	A5
Länge (mm)	1189	841	594		297	
Breite (mm)	841	594		297		

Papier-Endformate

Normschrift nach ISO 3098

Technische Zeichnungen werden mit senkrechter Normschrift der Schriftform B beschriftet. Ausgangsmaß ist die Höhe der Großbuchstaben. Dabei gilt:

- Höhe der Großbuchstaben 10/10 h
- Höhe der Kleinbuchstaben 7/10 h
- Linienbreite 1/10 h
- Kleinster Buchstabenabstand 2/10 h
- Kleinster Zeilenabstand 6/10 h
- Kleinster Wortabstand 6/10 h

Genormte Schriftgrößen sind 2,5 / 3,5 / 5 / 7 / 10 … mm.
Die Schriftgrößen stehen im Verhältnis 1 : 1,4.

Für das Format A4 wird für Maßzahlen, Hinweise u. a. die Schriftgröße 3,5 mm gewählt.
Buchstaben und Zahlen setzen sich aus Senkrecht-, Waagerecht- und Schrägstrichen sowie Rundungen zusammen. Hilfsformen wie das Hilfsrechteck und das Hilfs-H erleichtern das handschriftliche Schreiben der Normschrift.

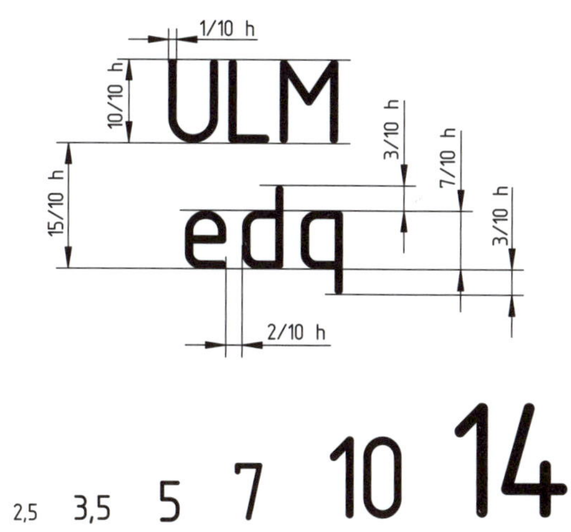

Normschrift

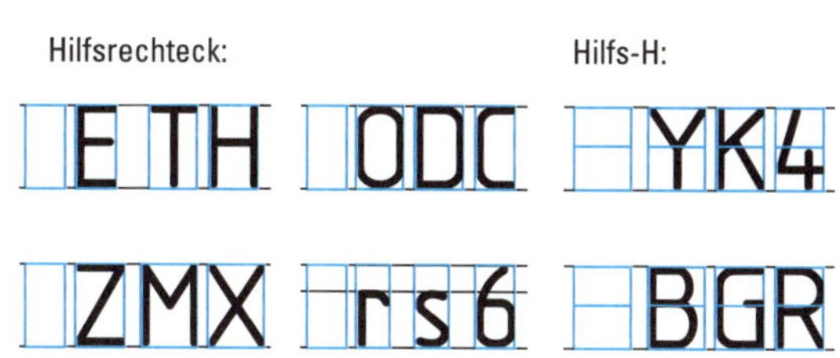

Hilfsformen

13. Berechnen Sie die Abmessungen der Zeichen, Linien und Abstände für die Schriftgrößen 5 und 7 mm und ergänzen Sie die Tabelle Schriftabmessungen.

Abmessungen für die Schrifthöhen 5 mm und 7 mm

Höhe der Großbuchstaben	5 mm	7 mm
Höhe der Kleinbuchstaben	mm	mm
Linienbreite	mm	mm
kleinster Buchstabenabstand	mm	mm
kleinster Zeilenabstand	mm	mm
kleinster Wortabstand	mm	mm

Schriftabmessungen

14. Ergänzen Sie Ihre persönlichen Daten mit 7 mm hoher Normschrift.

Name:

Vorname:

Straße und Hausnummer:

PLZ und Wohnort:

Ausbildungs-beruf:

Name Ausbildungs-betrieb:

Telefon-nummer:

Straße und Hausnummer:

PLZ und Ort:

15. Normschrift üben

SIEHE DOWNLOAD: PROJEKT 1, AUFGABE 15

Isometrische Darstellung

Um rasch eine Gesamtübersicht über die in den Betrieben gegebenen räumlichen Gebilde wie Werkstücke, Baueinheiten oder ganze Anlagen zu erhalten, bietet sich die Darstellung als Schrägbild an. Man bezeichnet ein solches Schrägbild als axonometrische Darstellung, kurz Axonometrie. Nach DIN ISO 5456 sind verschiedene Arten der Axonometrie genormt. Meistens wird die isometrische Projektion, kurz Isometrie, angewandt. „Isometrisch" bedeutet, dass Maße in den drei Hauptrichtungen x, y und z im gleichen Maßstab dargestellt werden.

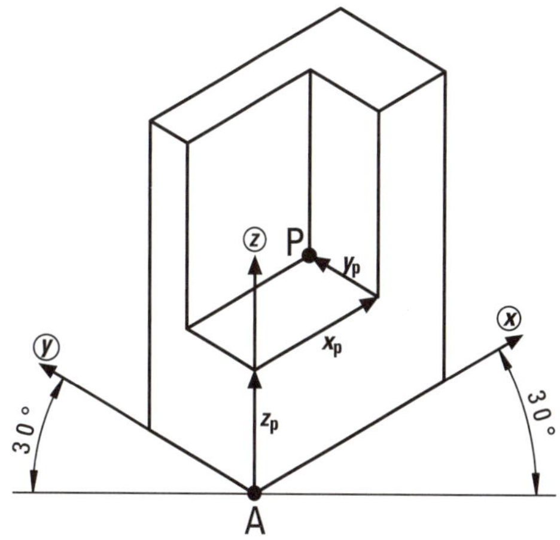

Isometrie

16. Ergänzen Sie die folgenden Regeln für die isometrische Projektion quaderförmiger Werkstücke.

- Die Kanten des Quaders verlaufen in z-Richtung (Höhe) ______, in x- und y-Richtung (Breite und Tiefe) im Winkel ______ zur ______.
- Parallele Kanten und parallele Flächen am Werkstück verlaufen bei der Projektion in der Zeichnung ______.
- Winkel und Flächen ______ ihre Größe. In den Grundrichtungen gilt der ______ Maßstab.

17. Legen Sie parallele Flächen in der Abbildung Isometrie im sichtbaren Bereich gleichfarbig an.

18. Ergänzen Sie die isometrische Darstellung der Prüfvorrichtung Teil 1, 2 und 3 (Explosionszeichnung), indem Sie parallel liegende Flächen gleichfarbig anlegen und die im sichtbaren Bereich fehlenden Linien ergänzen.

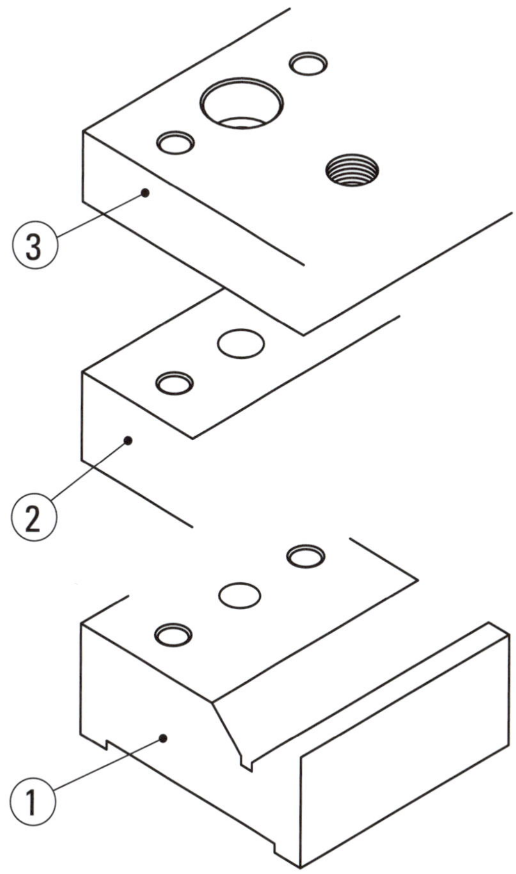

Prüfvorrichtung Teil 1, 2 und 3 (Explosionszeichnung)

19. Zeichnen Sie die unsichtbaren Kanten in die Werkstücke 1 bis 4 ein.

20. Stellen Sie die Werkstücke 1 bis 4 isometrisch dar.

SIEHE DOWNLOAD: PROJEKT 1, AUFGABE 20

Maße des Grundkörpers:
45 x 30 x 75

Maße der Aussparungen:
1/3 oder 2/3 der Gesamtmaße

alternativ:
CAD-Ausführung mit Ausdruck

Darstellen in Ansichten (ISO 5456)

Die Gesamtzeichnung der Prüfvorrichtung auf Seite 1 besteht aus drei Ansichten. Häufig gehen die Aussparungen in solchen Werkstücken nicht gleichförmig durch die ganze Tiefe (Dicke) oder sind aus verschiedenen Richtungen in den Grundkörper eingearbeitet. Auch zur Bemaßung sind deshalb in Deutschland mehrere Ansichten notwendig. Die übliche Projektionsmethode ist entsprechend DIN ISO 5456 die Projektionsmethode 1

(siehe im Tabellenbuch auf Seite:).

Die Anordnung der Ansichten auf dem Zeichenblatt wird aus den aufgeklappten Projektionsflächen abgeleitet.

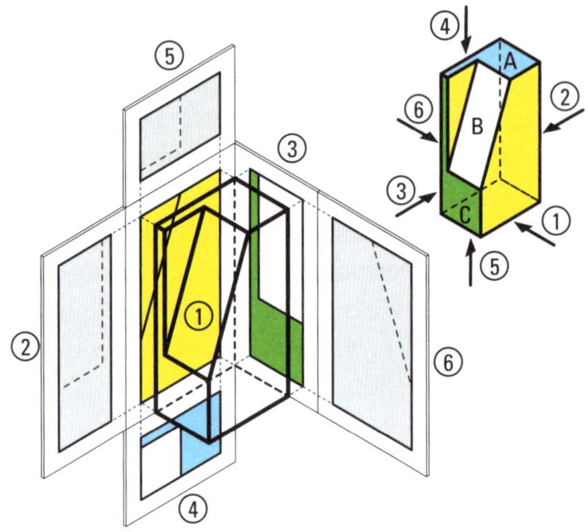

Projektionsflächen

21. Wie werden die dargestellten Ansichten nach ISO 5456 benannt?

①

②

③

④ ⑤

⑥

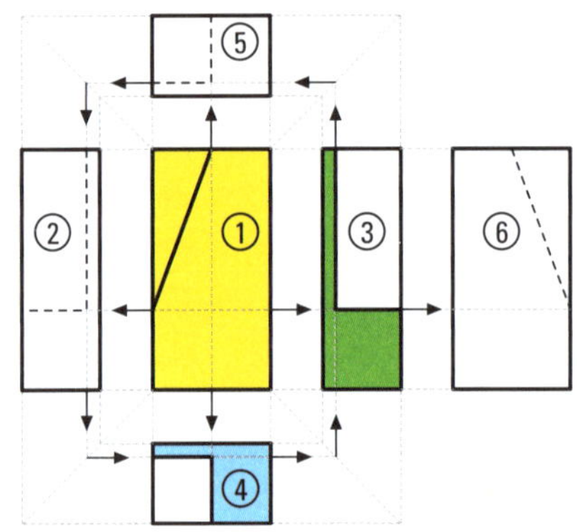

Ansichten

Erfassen der Projektionsgrundsätze für Ansichten:

22. Bei welchen Ansichten sind die entsprechenden Aussparungen …

a) ... gleich hoch?

b) ... gleich breit?

c) ...gleich dick?

23. Drei Paare von Ansichten sind Spiegelbilder zueinander. Ordnen diese einander zu.

a) und

b) und

c) und

Darstellen in Ansichten: Übungen

Alle (oder die von Lehrer/-in bzw. Ausbilder/-in ausgewählten) im Schrägbild dargestellten Werkstücke 1 bis 4 sollen in fünf Ansichten (ohne Rückansicht) in natürlicher Größe nach Projektionsmethode 1 gemäß ISO 5456 gezeichnet werden. Die Darstellung kann durch die Verwendung von Modellen unterstützt werden.

24. Planen Sie Ihre Werkstückzeichnung.

- Blatteinteilung für Quader (FL 45 x 30 x 90) entsprechend Abbildung festlegen. Dazu auf den Punktlinien die Maße des Grundkörpers eintragen und die Abstände a bis d berechnen.

  Blattformat A4

  a = b =

  c = d =

- Auf den Zeichenblättern die Ansichten für den Grundkörper mit schmalen Volllinien andeuten.
- Die entsprechenden Aussparungen (1/3 oder 2/3 so groß wie beim Grundkörper) auch bei verdeckten Kanten mit schmalen Volllinien eintragen.
- Überflüssige Linien wegradieren und die Teile mit der entsprechenden Linienart darstellen.

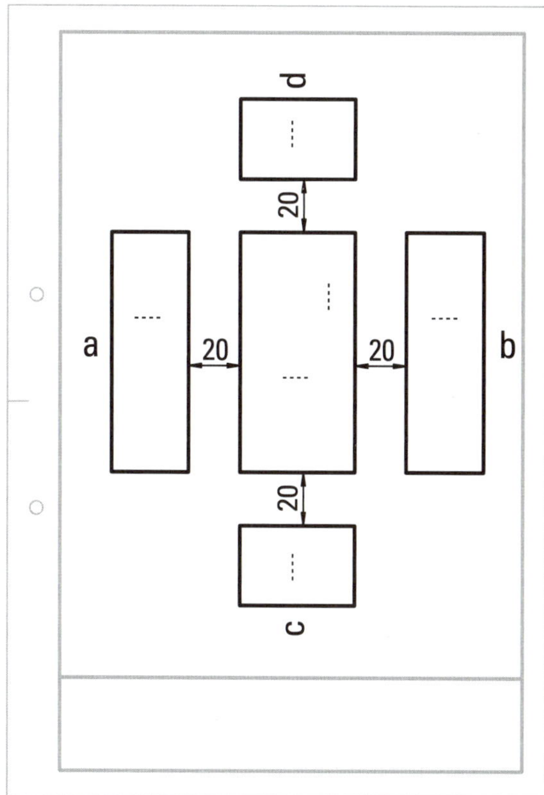

Blatteinteilung

25. Ergänzen Sie drei mögliche Seitenansichten.

gegeben: Vorderansicht → gesucht: passende Seitenansichten

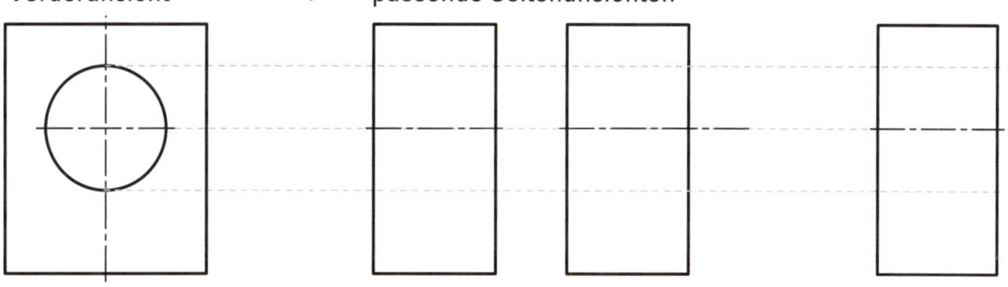
Seitenansichten

26. Erstellen Sie auf der folgenden Seite die Skizzen für die ausgewählten Werkstücke 1 bis 4 in fünf Ansichten (gemäß Aufgabe 24) sowie isometrisch. Fertigen Sie anschließend mit CAD die entsprechenden Zeichnungen an.

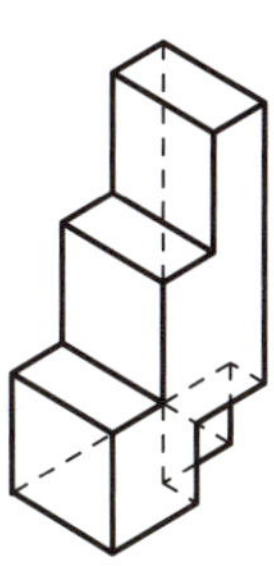
Werkstück 1: Treppe

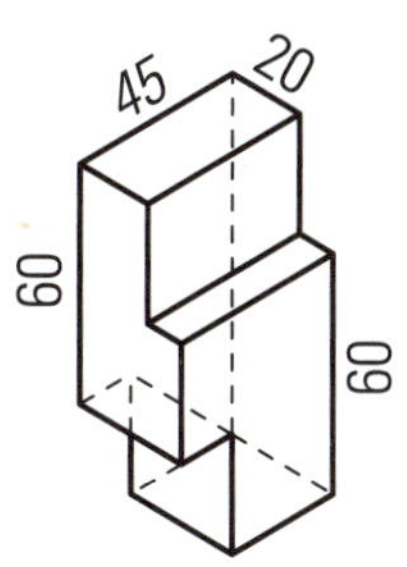

Werkstück 2: Anschlag

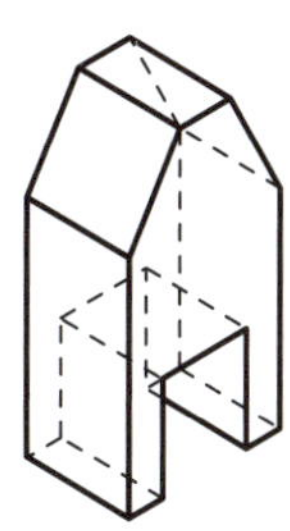
Werkstück 3: Stellplatte

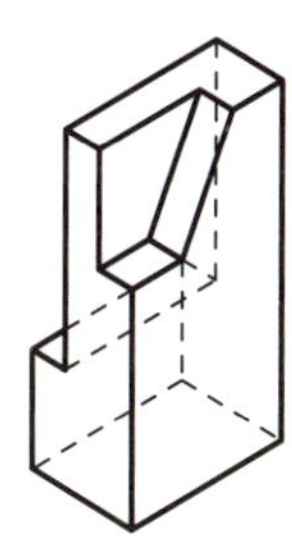
Werkstück 4: Aufnahme

Drucken Sie Ihre Zeichnungen zur Dokumentation je einmal aus (Außenmaße 45 × 30 × 90).

Werkstück 1: Treppe
Maßstab 1 : 2

Werkstück 2: Anschlag
Maßstab 1 : 2

Werkstück 3: Stellplatte
Maßstab 1 : 2

Werkstück 4: Aufnahme
Maßstab 1 : 2

27. Übungen: Ansichten zuordnen

SIEHE DOWNLOAD: PROJEKT 1, AUFGABE 27.1 BIS 27.4

Schnittdarstellungen nach DIN ISO 128

Durch Schnitte werden innen liegende Teile (Schrauben, Stifte …) und verdeckte Formelemente (Nuten, Senkungen…) sichtbar gemacht. Ein Schnitt ist das gedachte Zerlegen eines Teils oder einer Baugruppe, wobei das vordere Teilstück ganz oder teilweise entfernt und nicht dargestellt wird.
Um die nachfolgenden Aufgaben zu lösen, informieren Sie sich zunächst über die entsprechenden

Regeln für Schnitte im Tabellenbuch auf Seite ______ bis ______.

Die **Zwischenplatte Pos. 2** der Prüfvorrichtung ist in drei verschiedenen Schnitten dargestellt.

28. Benennen Sie die Schnittarten.

29. Nennen Sie zwei Vorteile eines Halbschnitts im Vergleich zum oberen dargestellten Schnitt.

-
-

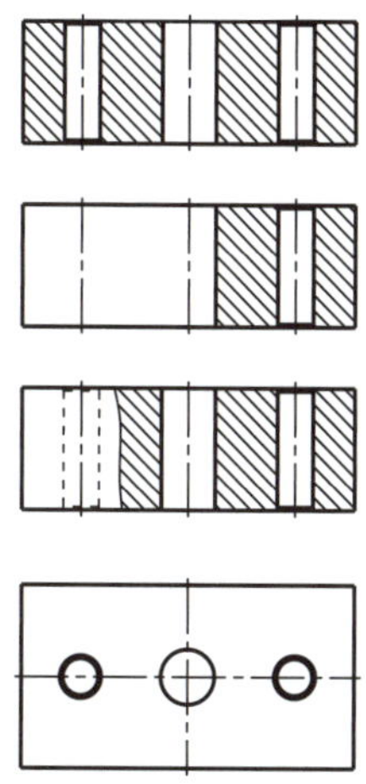

Zwischenplatte Pos. 2

30. Kreuzen Sie die richtigen Aussagen an. Orientieren Sie sich dabei auch an der **Gesamtzeichnung mit Schraffur.**

- ☐ Große Flächen haben große Abstände bei der Schraffur.
- ☐ Große Flächen werden mit breiten Volllinien schraffiert.
- ☐ Gleiche Teile haben in allen Ansichten die gleiche Schraffur.
- ☐ In schraffierten Flächen können breite Volllinien verlaufen.
- ☐ In einer Gesamtzeichnung ist kein Halbschnitt zulässig.

31. Worauf ist bei Schnittdarstellungen von Normteilen wie Stift- bzw. Schraubenverbindungen zu achten?

32. Worauf ist bei der Schnittdarstellung von Schraubenverbindungen zu achten?

33. Worauf ist beim Verlauf der Schraffur bei angrenzenden geschnittenen Teilen in Gesamtzeichnungen zu achten?

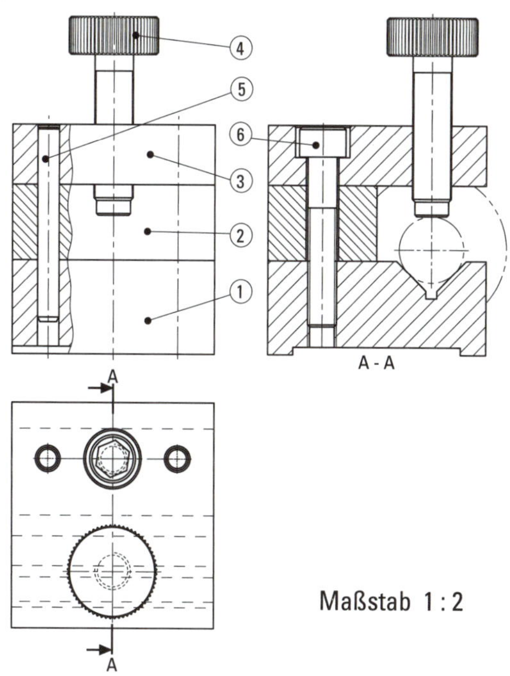

Gesamtzeichnung mit Schraffur

34. Ergänzen Sie die vollständig gezeichnete Vorderansicht der Prismenplatte durch die restlichen Ansichten mit Hilfe von Fluchtlinien.

a) Zeichnen Sie die Seitenansicht von links im Schnitt.

b) Legen Sie die Flächen im Schrägbild und in den Ansichten im sichtbaren Bereich mit hellen Farben an.

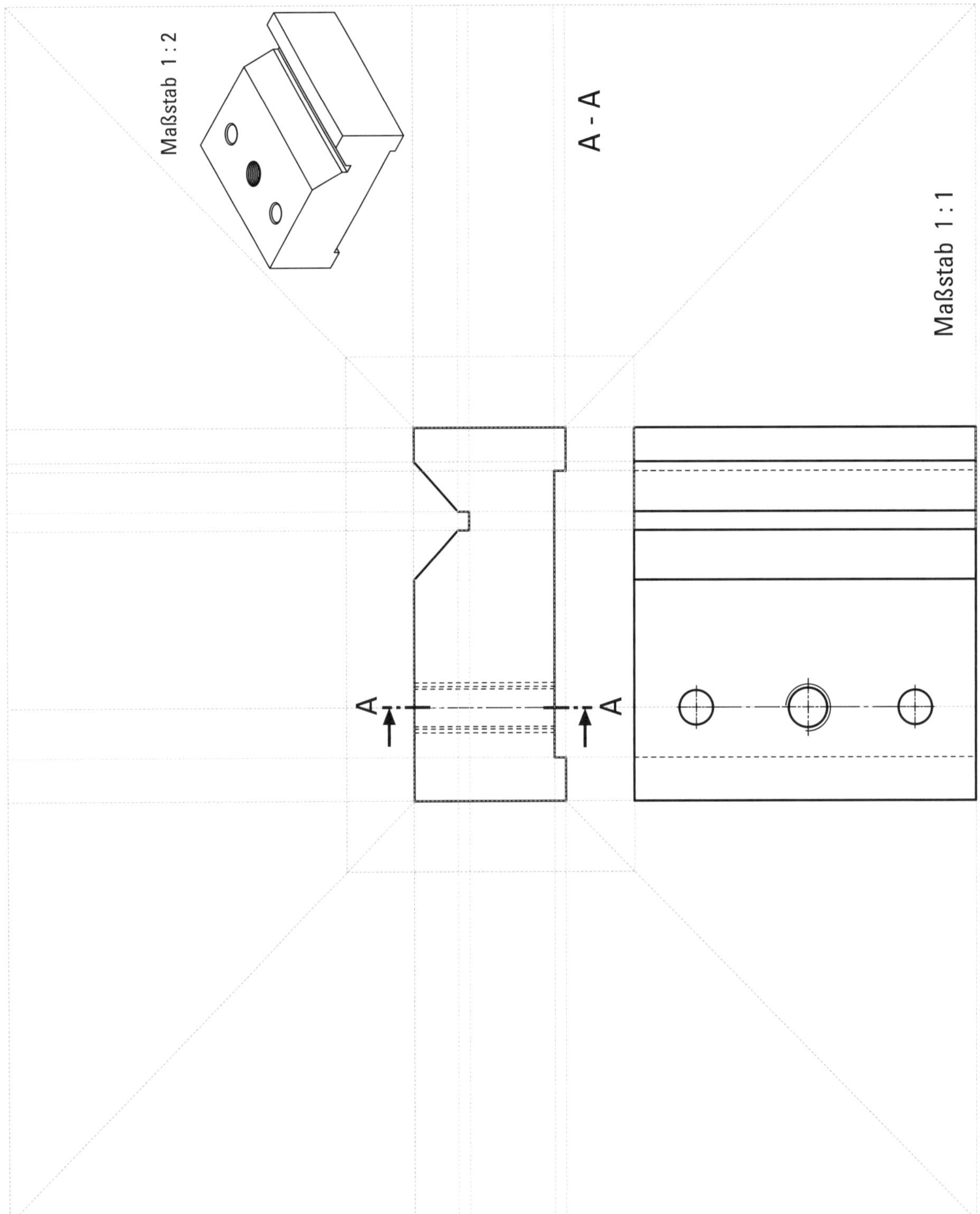

Prismenplatte Pos. 1 – Gebrauchslage

Name:	Klasse:	Datum:	Seite: 16

Maßeintragung in Zeichnungen

Für die Maßeintragung nach DIN 406 und ISO 128 (siehe im Tabellenbuch auf Seite) gibt es eine Vielzahl von Vorgaben zu beachten, u. a.:

- Zur Eintragung von Maßen sind meist Maßhilfslinien und Maßlinien mit Pfeilen notwendig.
- Der Abstand beträgt zwischen Werkstückkante und Maßlinie etwa mm, zwischen zwei Maßlinien etwa mm.
- Maßhilfslinien stehen senkrecht zur bemaßten Werkstückkante und reichen 1 bis 2 mm über die Maßpfeile hinaus.
- Die Maßzahlen stehen parallel zur Maßlinie. Sie müssen von unten und von rechts lesbar sein.

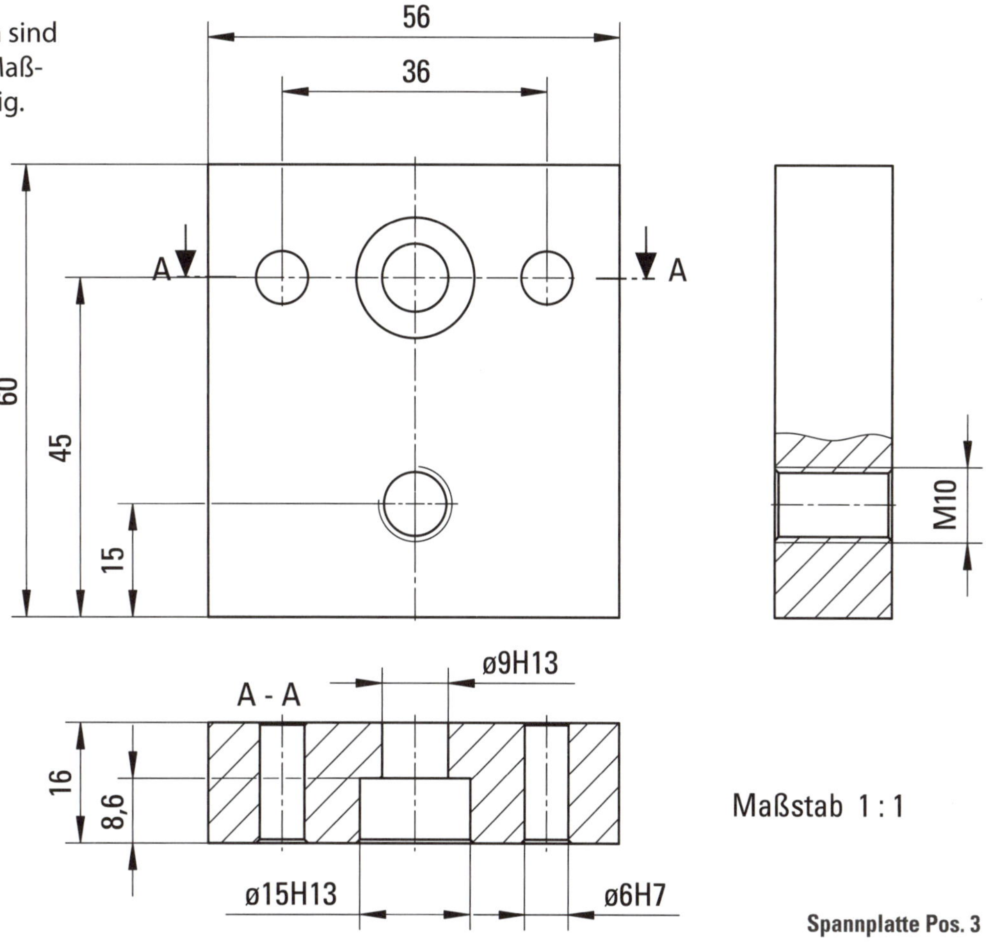

Spannplatte Pos. 3

35. Ordnen Sie die eingekreisten Zahlen den beschriebenen Fehlern bei der Maßeintragung richtig zu.

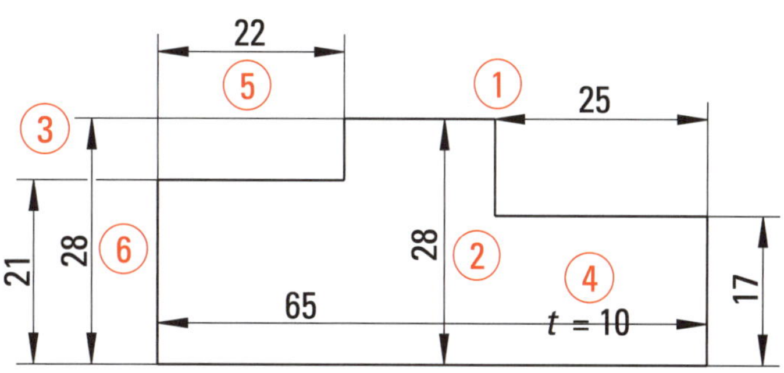

Fehler bei der Maßeintragung

Merke

- [ ] Maßlinien dürfen nicht auf Ecken treffen.
- [ ] Maße dürfen nicht doppelt angegeben werden.
- [ ] Maßlinien dürfen sich nicht schneiden.
- [ ] Maßlinien dürfen Maßzahlen nicht schneiden.
- [ ] Maß- und Maßhilfslinien dürfen sich nicht kreuzen.
- [ ] Maßzahlen stehen etwa 1 mm über Maßlinien.

Teilzeichnung für die Prismenplatte Pos. 1 anfertigen:

36. Ergänzen Sie die Darstellung und bemaßen Sie das Teil unter Beachtung des Maßstabs.

Maßstab 1 : 1
Allgemeintoleranz ISO 2768 - mK

Für individuelle Notizen

Name:	Klasse:	Datum:	Seite: 18

Maßstäbe nach DIN ISO 5455

In technischen Zeichnungen stellt man Teile in einem genormten Maßstab dar. Bevorzugt wird der natürliche Maßstab (1 : 1).

37. Kreuzen Sie die genormten Maßstäbe an und kennzeichnen Sie eine Verkleinerung mit **Vk** bzw. Vergrößerung mit **Vg**.

1:1	3:1	5:1	1:2,5	1:2	1:7,5	6:1	10:1	1:20

38. Ermitteln Sie die Maßstäbe in den beiden Darstellungen.

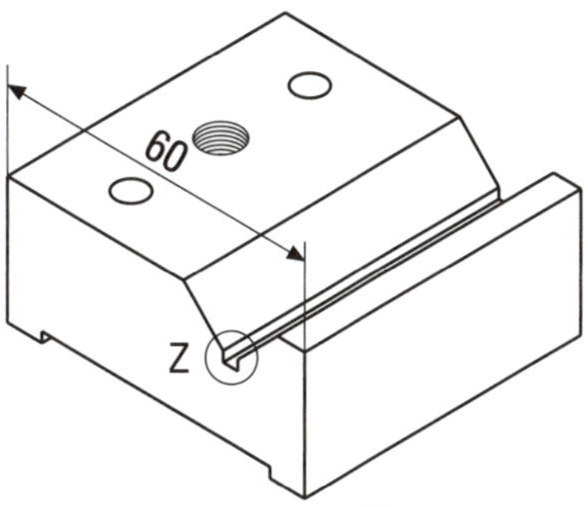

Maßstab

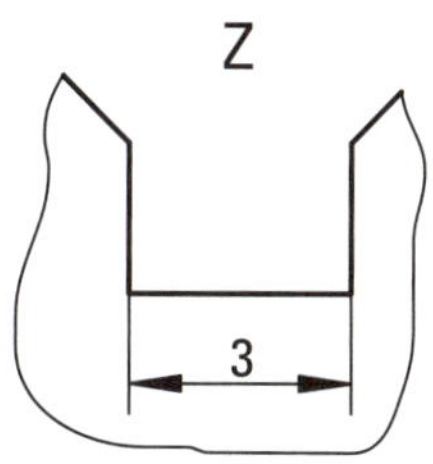

Maßstab

39. Bemaßen Sie die beiden Platten maßstabsgerecht.

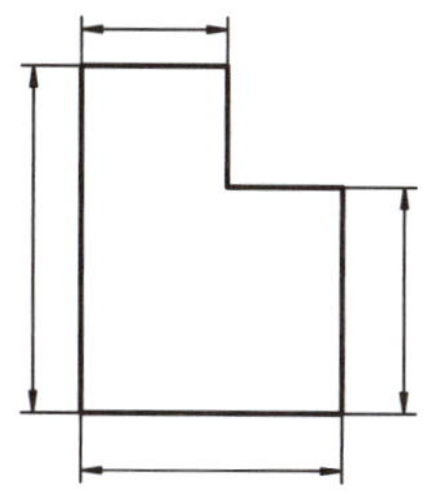

Maßstab 1 : 5

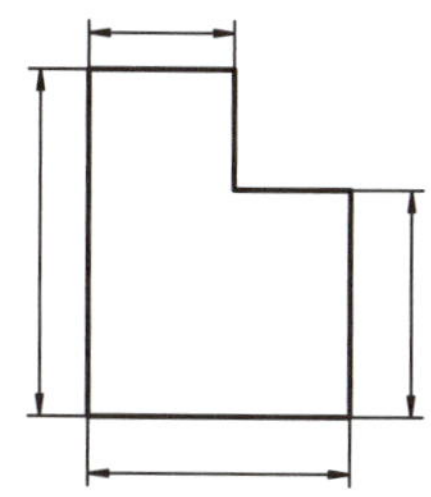

Maßstab 2 : 1

Allgemeintoleranzen für Längen- und Winkelmaße nach ISO 2768-1

Werkstücke können nie genau nach Nennmaß gefertigt werden. Je nach Funktion sind unterschiedliche Abweichungen (Toleranzen) anzugeben. Für Maße, die der Funktion untergeordnet sind, werden Allgemeintoleranzen (unter Beachtung von DIN ISO 2768-m) angegeben.

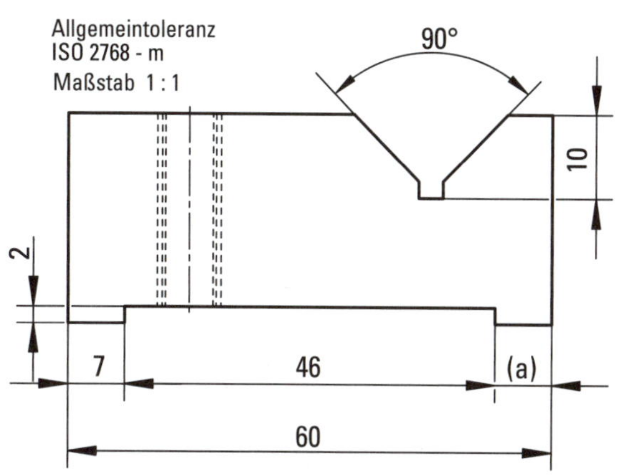

40. Ermitteln Sie für die nebenstehende Abbildung die Grenzabmaße, die Grenzmaße und die Maßtoleranzen und tragen Sie diese in die zugehörige Tabelle ein.

Berechnen Sie anschließend für den Abstand a das Höchst- und das Mindestmaß.

Nennmaß	2	7	46	90°
oberes Grenzabmaß				
unteres Grenzabmaß				
Höchstmaß				
Mindestmaß				
Maßtoleranz				

Name:	Klasse:	Datum:	Seite: 19

Höchstmaß für a:

Go =

Mindestmaß für a:

Go =

41. Vergleichen Sie mit Hilfe von Abbildung und Tabelle unten die geschlossenen Maßketten und beschreiben Sie das Ergebnis.

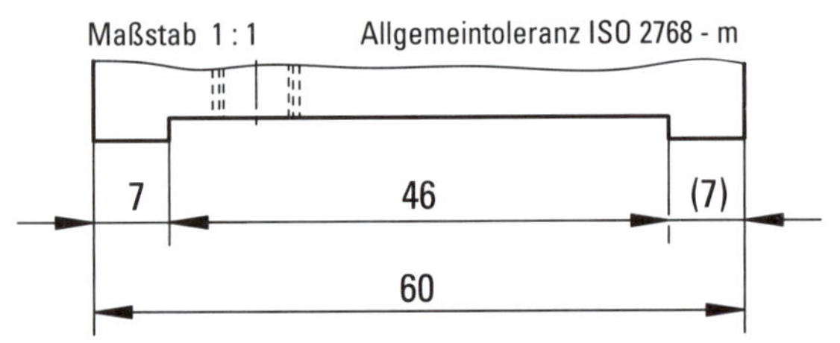

	Nennmaß	Höchstmaß	Mindestmaß
	7		
	46		
	7		
Summe der Teilmaße	60		
Gesamtmaß	60		

Fertigen der Prüfvorrichtung

Die zur Herstellung der Prüfvorrichtung notwendigen Informationen können der Zeichnung und der Stückliste auf Seite 5 sowie dem Tabellenbuch entnommen werden. Darüber hinaus sind besondere Fachkenntnisse bezüglich der Fertigung und der Verwendung von Normteilen wie Schraube, Stift u.a. notwendig.

42. Welche Fertigungsverfahren sind notwendig, um die nicht genormten Teile mit Handwerkzeugen zu fertigen?

In der Stückliste sind für Normteile wie die Zylinderschraube Pos. 6, den Zylinder Pos. 5 und die Halbzeuge Normkurzbezeichnungen eingetragen.

43. Erläutern Sie folgende Kurzzeichen.

ISO:

(übersetzt:)

EN:

DIN:

44. Erläutern Sie die Angaben zur Zylinderschraube ISO 4762 – M8 x 45 Pos. 6.

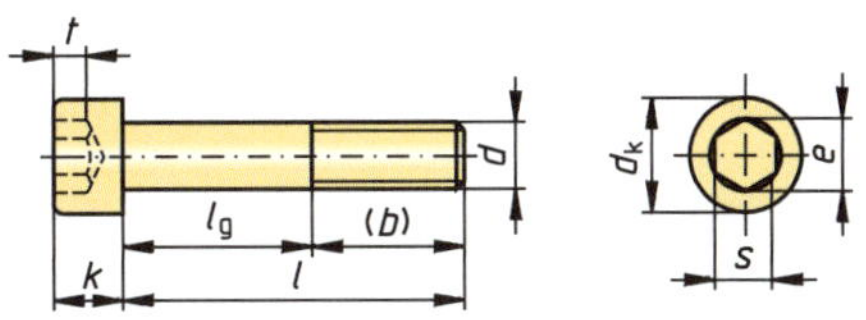

4762:

M8:

45:

Schraubenkopfform:

Schlüsselweite:

45. Welche Vorteile hat die Verwendung von Innensechskantschrauben im Vergleich zu Sechskantschrauben?

46. Erläutern Sie die Angaben zum Zylinderstift ISO 8734 – 6 x 50 Pos. 5.

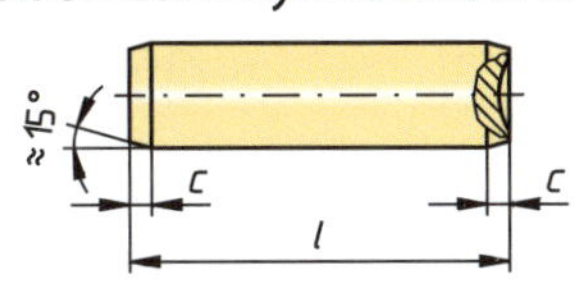

8734:

6 x 50:

B - St:

Normteil zur alternativen Gestaltung bestimmen

Bei der Herstellung der Prüfvorrichtung ist vorgesehen, die Rändelschraube spanend zu fertigen.
Damit ist ein relativ hoher Werkstoff- und Zeitbedarf erforderlich.

47. Untersuchen Sie deshalb, durch welches bzw. welche Normteil(e) die Rändelschraube ersetzt werden kann. Geben Sie dafür die Normangabe(n) für die Lieferung an.

oder

(evtl. statt Rändelmutter)

Werkstoffeinteilung

Bei der Prüfvorrichtung kann für die Betätigung der Spannschraube auch ein Sterngriff (DIN 6336) verwendet werden.

48. Aus welchen Werkstoffen werden Sterngriffe hergestellt?

In Ihrem Arbeitsbereich werden verschiedene Werkstoffe verarbeitet.

49. Nennen Sie vier Werkstoffgruppen und geben Sie beispielhaft mindestens je einen konkreten Werkstoff an.

___ metalle: ___

Nicht ___ metalle: ___

___ stoffe: ___

___ stoffe: ___

Werkstoffbezeichnung

Die Teile Pos. 1, Pos. 2 und Pos. 3 der Prüfvorrichtung sind aus dem Stahl S235JR gefertigt.

50. **a)** Zu welcher Stahlsorte gehört dieser Werkstoff?

(siehe im Tabellenbuch auf den Seiten ___ und ___)

b) Welche Eigenschaft war ein wichtiges Auswahlkriterium?

c) Wofür wird dieser Stahl verwendet?

d) Erläutern Sie die Bezeichnung S235JR.

S: ___

235: ___

JR: ___

Werkstoffbedarf

Die drei Platten der Prüfvorrichtung Pos. 1 bis Pos. 3 werden aus folgenden Halbzeugen angefertigt (vgl. mit der Stückliste). Hinweis: Die Rändelschraube wird durch Normteile ersetzt.

51. Berechnen Sie den gesamten Werkstoffbedarf in kg für das Halbzeug.

Prismenplatte	FL EN 10278 – 60 x 25 - 58		dm^3
Zwischenplatte	FL EN 10278 – 30 x 20 - 58		dm^3
Spannplatte	FL EN 10278 – 60 x 16 - 58		dm^3
	Gesamtvolumen		dm^3
	Spezifische Dichte		
	Gesamtmasse		kg

Schraubzwinge

Mit Schraubzwingen lassen sich Teile spannen, um sie für das Bohren oder Schweißen zu fixieren.

Gesamtzeichnung und Stückliste

1. **a)** Legen Sie alle 5 Teile der Schraubzwinge in allen 3 Ansichten im sichtbaren Bereich verschieden farbig an und kennzeichnen Sie die jeweiligen Zeilen in der Stückliste mit den entsprechenden Farben.

b) Tragen Sie die normgerechten Angaben in die Stückliste ein.

Pos. 4 ist eine Senkschraube mit Schlitz und Festigkeitsklasse 5.8,

Pos. 5 ein Knebelkerbstift mit d = 6 mm und l = 60 mm.

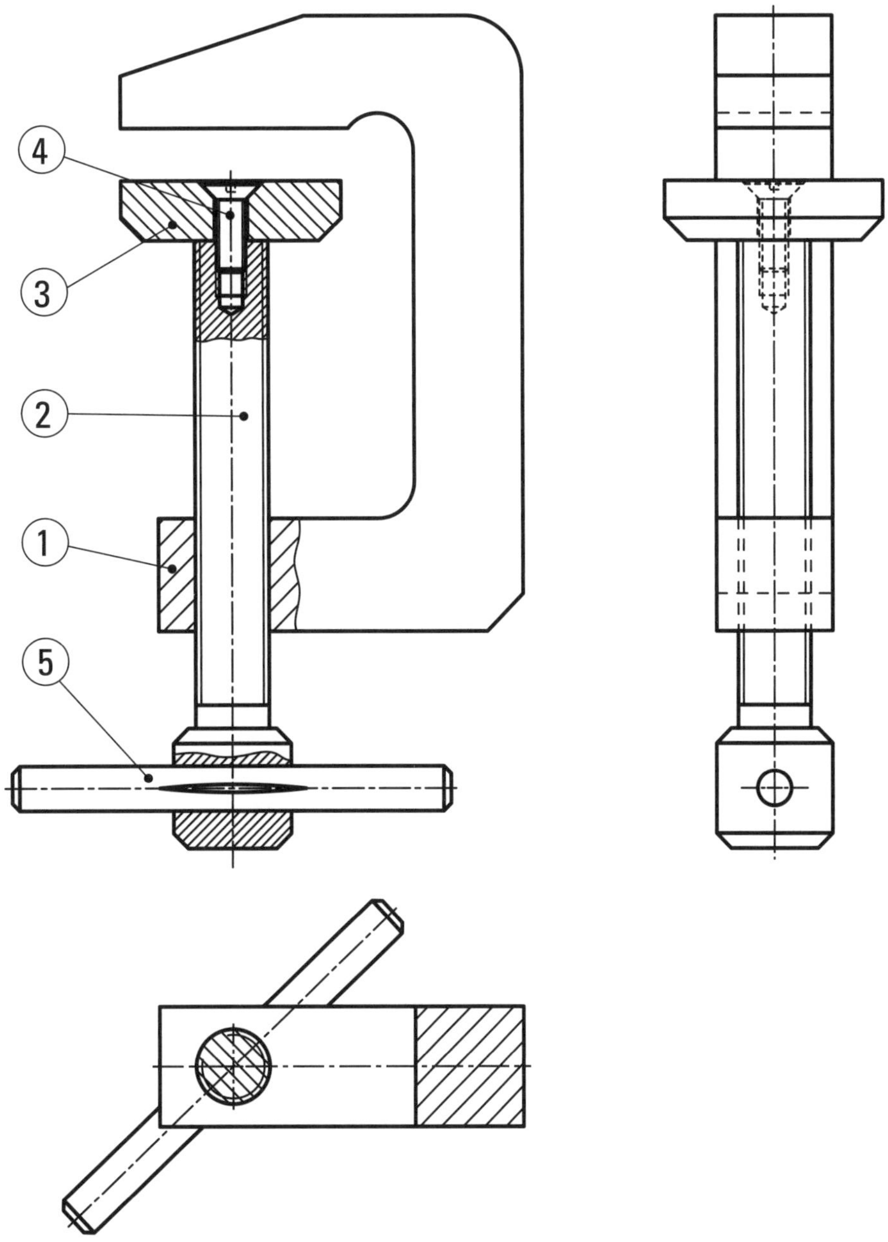

5				
4				
3	1	Druckscheibe	10S20	Rd EN 10278 - 30h11 - 10
2	1	Druckspindel	10S20	Rd EN 10278 - 16h11 - 90
1	1	Zwingenkörper	S235JR	Fl EN 10278 - 60 x 16 - 84
Pos.	Menge	Benennung / Norm-Kurzbezeichnung	Werkstoff	Halbzeug / Bemerkung

Schraubzwinge Maßstab 1 : 1 Allgemeintoleranz ISO 2768 - mK

Anreißbemaßung

In der Einzelfertigung überträgt man die Maße in vielen Fällen auf das zu bearbeitende Halbzeug. Die Bemaßung und damit das Anreißen erfolgt von den jeweiligen Bezugsebenen aus. Dabei lassen sich z. B. nur die Breiten- und Höhenmaße (Längen) in einer Ansicht eintragen. Tiefenmaße erscheinen in einer weiteren Ansicht.

2. Tragen Sie die Anreißmaße in die Ansichten **I** bis **III** ein. Die Maße sind der Gesamtzeichnung zu entnehmen. Auf Fasen und Rundungen wurde zur Vereinfachung verzichtet.

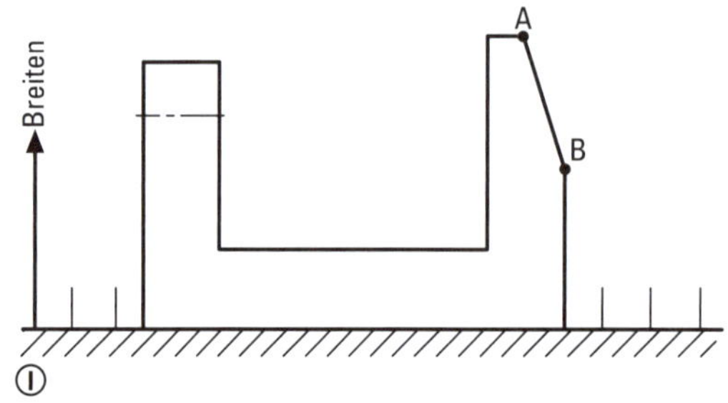

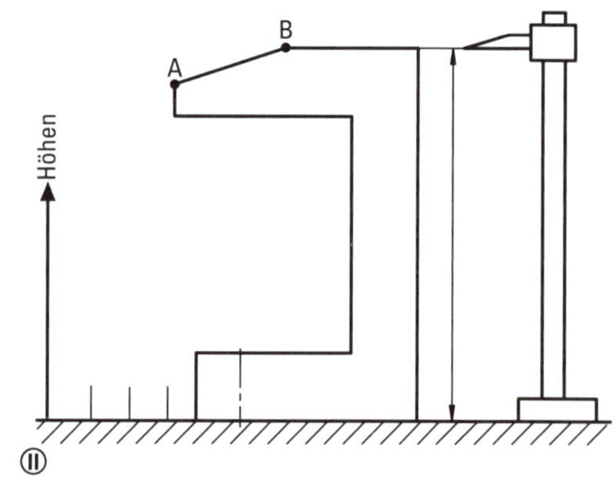

3. Fertigen Sie die Teilzeichnung des Zwingenkörpers an.
a) Vorderansicht mit Teilschnitt beim Gewinde
b) Seitenansicht von links

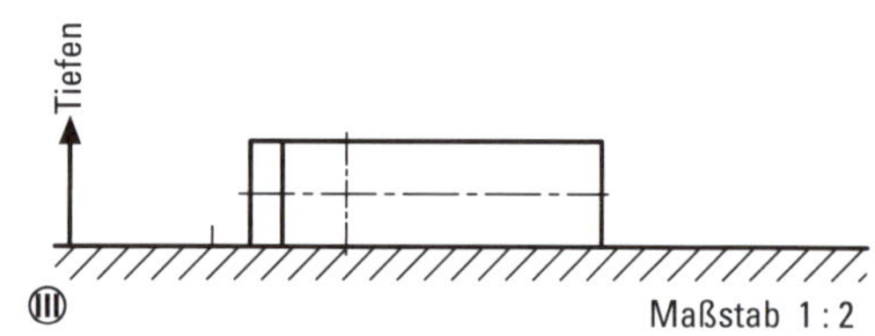

Oberflächen: Rz 25 bzw. unbearbeitet

Anreißen

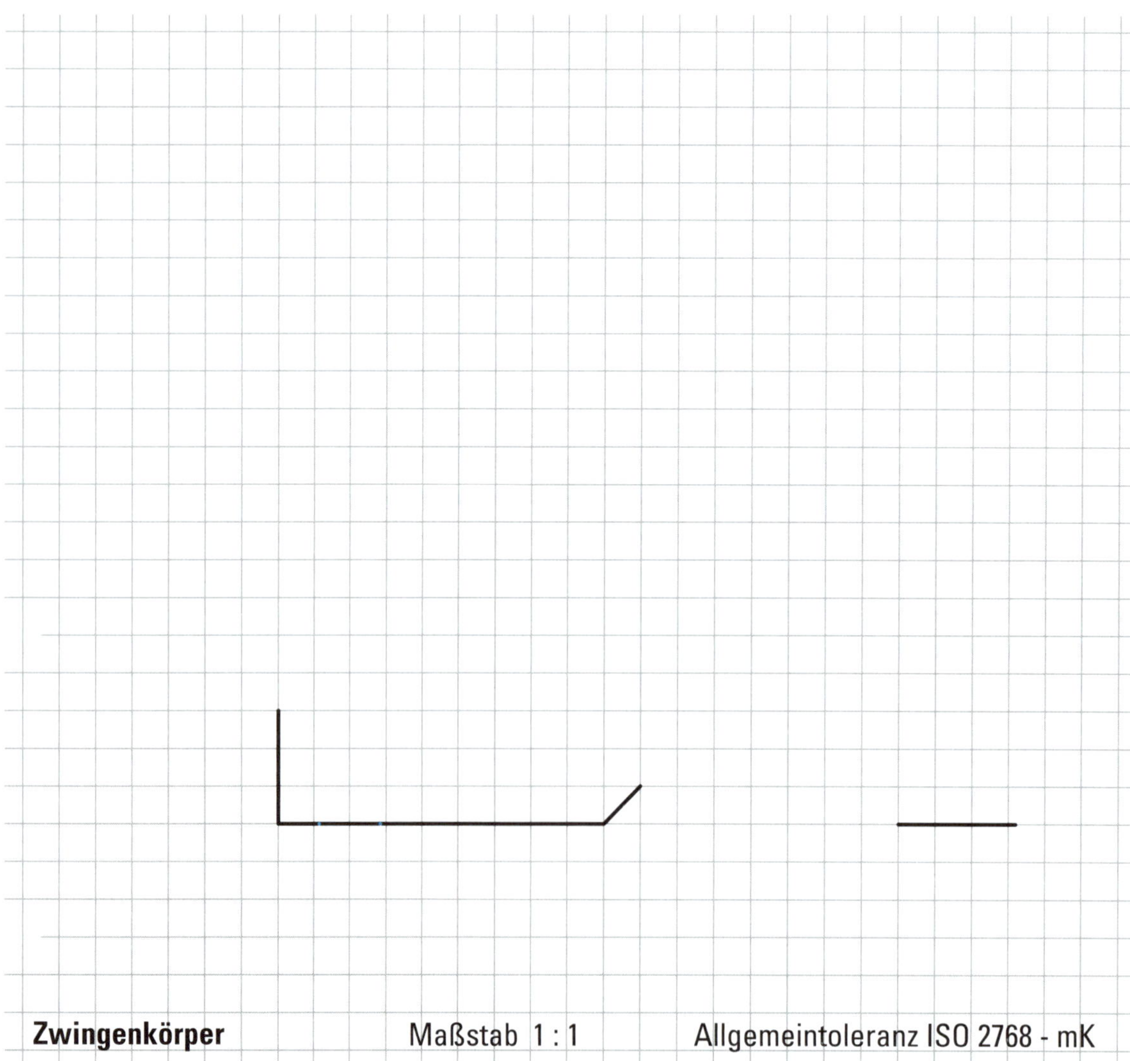

Fertigungsplan erstellen

Der Zwingenkörper Pos. 1 soll im Rahmen der Ausbildung mit Handwerkzeugen und durch Bohren hergestellt werden. Dazu ist ein Fertigungsplan zu erarbeiten. Es ist davon auszugehen, dass die Bezugsebenen bereits eben und winklig gefeilt sind.

4. Ergänzen Sie die Angaben zur Fertigung der mittleren Aussparung.

- Für die 5 Bohrungen (d = 10 mm) die ______ berechnen
- Die Bohrungsmitten ______ und körnen
- Löcher mit ______ bohren
- Stege (4) mit ______ trennen
- Mit ______ zur oberen und unteren Bohrung ______
- Aussparung ______ und mit verlangter ______ feilen (______).

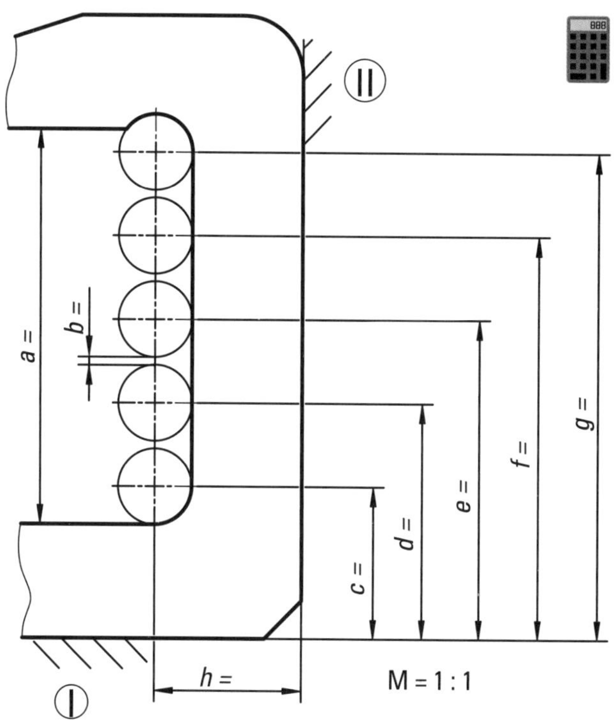

5. Geben Sie die weiteren Arbeitsgänge an.

-
-
-
-
-
-
-

6. Berechnen Sie den Abstand a und die Stegbreite b (Formel – eingesetzte Größen – Ergebnis).

a =

b =

7. Listen Sie die Werkzeuge für die Fertigung auf.

-
-
-
-
-
-
-
-

Materialbedarf, Masse und Preis des Zwingenkörpers ermitteln

8. **a)** Ermitteln Sie mit den Halbzeug- und Maßangaben aus der Stückliste das Rohteil für den Zwingenkörper.

Rohteil:

b) Berechnen Sie das Volumen V und die Masse m von Pos. 1.

Volumen V =

Dichte ϱ = (siehe Tabellenbuch Seite)

Masse $m = V \cdot \varrho$ = =

c) Berechnen Sie den Preis P für das Rohteil, wenn das Flachmaterial p = 1,96 €/kg kostet.

=

9. Berechnen Sie das ungefähre Volumen und die entsprechende Masse des Zwingenkörpers. Die Vorderansicht des Zwingenkörpers kann vereinfacht als Fläche A = B – C – D – E aufgefasst werden. Die Flächen können entsprechend vereinfacht werden (siehe Abbildung).

$B = l \cdot b$ = =

$C = l_1 \cdot b_1$ = =

$D = l_2 \cdot b_2$ = =

$E = 0{,}5 \cdot l_3 \cdot b_3$ = =

$A = B - C - D - E$ =

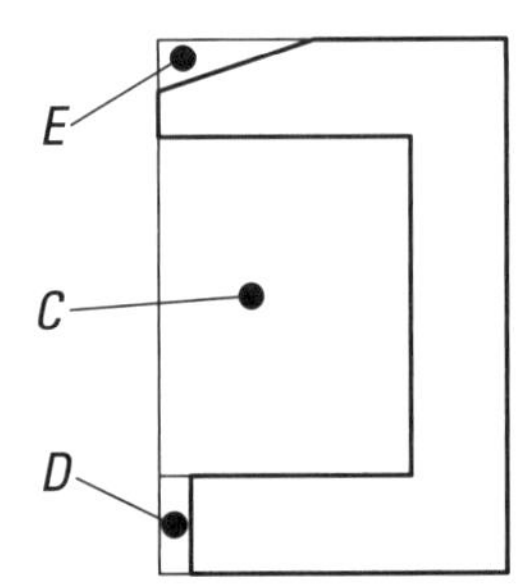

Volumen:

$V = A \cdot h$ = = =

Masse:

$m = V \cdot \varrho$ = =

Funktion und Anforderungen an die Teile der Schraubzwinge

10. Welche Anforderungen sind an den U-förmigen Zwingenkörper zu stellen?

11. Wodurch wird der notwendige Druck am Zwingenkörper erreicht?

12. Welche Voraussetzungen müssen bei der Druckscheibe erfüllt sein, damit ein gutes Spannen ohne Schädigung der Oberfläche gewährleistet ist?

Das Spannen der Schraubzwinge erfolgt durch Drehen der Druckspindel Pos. 2. Durch das Außengewinde der Druckspindel und durch das Innengewinde des Zwingenkörpers Pos. 1 wird die Drehbewegung in eine geradlinige Bewegung umgewandelt. Gewinde sind genormt. Damit verbunden sind entsprechende Bezeichnungen.

13. Erläutern Sie das Gewinde M10 des Zwingenkörpers.

Gewindebezeichnung: Profil:

Nenn-Ø: Gewindetiefe: Kern-Ø:

Flankenwinkel: Kernloch-Ø: Steigung:

Drehsinn:

Gangzahl:

14. Ergänzen Sie in nebenstehender Zeichnung die Darstellung und Bemaßung eines Innengewindes.

Merke

- Den Gewindegrund mit schmaler Volllinie zeichnen.
- Übliche Profilsenkungen werden nicht gezeichnet und nicht bemaßt.
- Bei einem Schnitt geht die Schraffur bis zur breiten Volllinie.
- Es wird immer der Nenn-Ø angegeben.

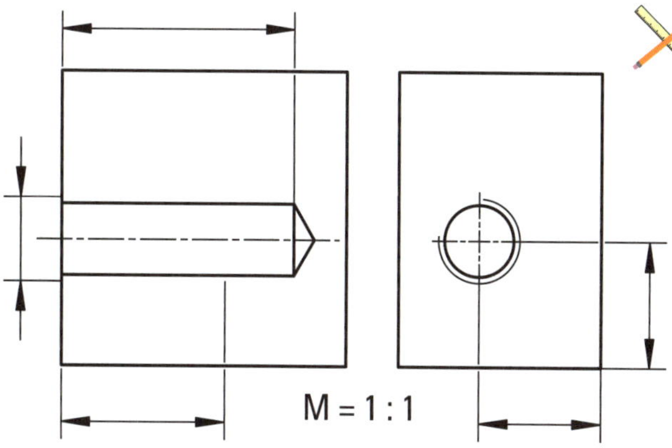

Innengewinde

15. Ergänzen Sie in nebenstehender Abbildung die Schraffuren, die Senkung und die Durchgangslöcher der dargestellten Schraubenverbindung und tragen Sie neben der Abbildung die fehlenden Angaben ein.

Zylinderschraube

ISO

Kopfhöhe *k*

Kopf-Ø d_k

Durchgangsloch d_h

nach DIN EN Reihe mittel

Senkung nach DIN

Senk-Ø d_1

Senktiefe *t*

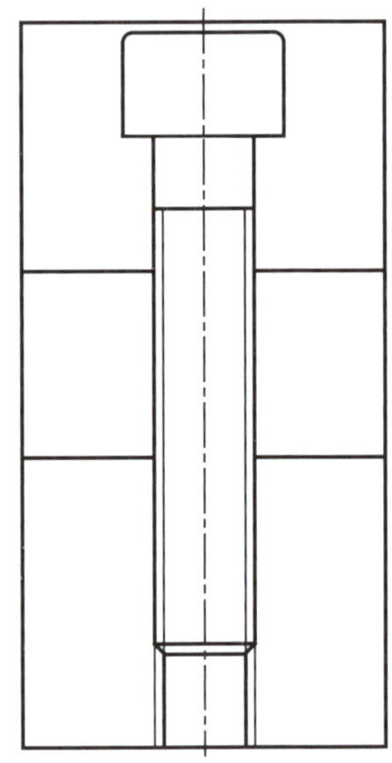

Schraubenverbindung

Rundungen und Fasen bemaßen

Rundungen und Fasen, wie z. B. beim Zwingenkörper der Schraubzwinge, dienen dazu, die Fertigung zu vereinfachen, Kerbwirkungen zu verringern und/oder Nutzer/Nutzerin vor Verletzungen zu schützen. Für die Bemaßung von Fasen und Radien sind entsprechende Bemaßungsgrundsätze zu beachten (siehe im Tabellenbuch auf Seite und).

16. Bemaßen Sie in der Abbildung rechts die Rundungen und die Fasen.

Merke

- Bei Radiusangaben verlaufen die Maßpfeile immer in Richtung des Mittelpunktes.
- Bei kleinen Rundungen entfällt die Angabe des Mittelpunktes.
- Bei Übergangsrundungen wird auf die Angabe des Radius verzichtet.
- Vor einer Radiusangabe steht immer ein R.
- Fasen mit 45° können vereinfacht bemaßt werden.

Rundungen, Fasen

Biegewerkzeug

Mit dem abgebildeten Biegewerkzeug können 90°-Biegewinkel an Blechstreifen von Hand hergestellt werden. Dieses einfache Werkzeug zeigt die wesentlichen Teile, die zum Gesenkbiegen benötigt werden. Dies sind:

- Matrize Pos. 1 und Stempel Pos. 3 zur Formgebung des Biegeteils
- Betätigung und Führung Pos. 4 für den Stempel
- Verbindungsteile zwischen Matrize und Führung
- Rückstellelement für den Stempel
- Anschlag für die Positionierung des zu biegenden Teils

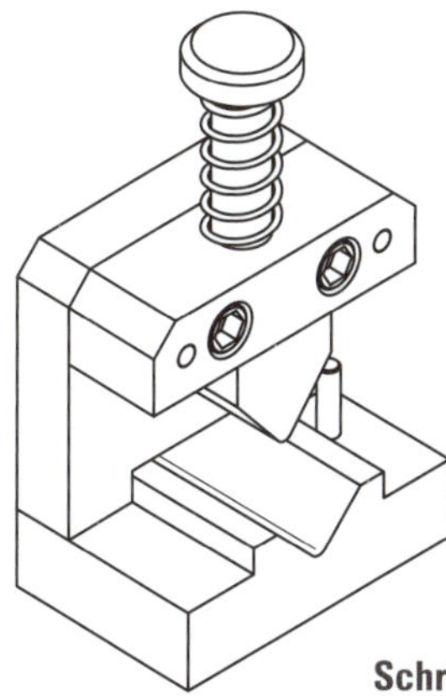

Schrägbild

Auf den folgenden Blättern erhalten Sie Informationen und technische Unterlagen, die Sie für die Fertigung das Biegewerkzeugs benötigen.

Gesamtzeichnung und Stückliste

1. Legen Sie die Teile Pos. 1 bis Pos. 5 in der Gesamtzeichnung, in der Stückliste und dem Schrägbild verschieden farbig an.

2. Ergänzen Sie die Positionsnummern in der Gesamtzeichnung sowie die Stückliste.

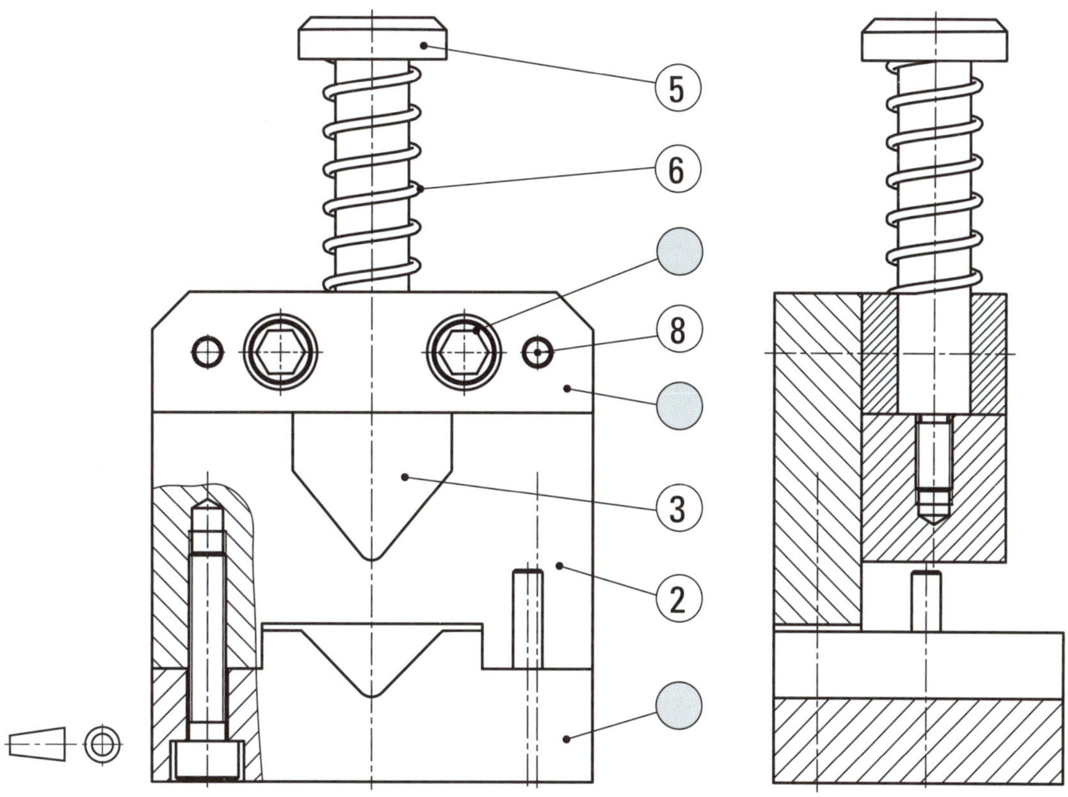

Biegewerkzeug Maßstab 1 : 1 Allgemeintoleranz ISO 2768 - mK

8			100Cr4 B - St	
7			24CrMo5 - 5.6	
6	1		EN 10270-2 i_f = 8,5	
5	1	Stößel	E295	
4	1	Führung	C45	
3		Stempel	90MnCrV8	
2	1	Stellplatte	E295	
1	1	Matrize	C80U	
Pos.	Menge	Benennung / Norm-Kurzbezeichnung	Werkstoff	Halbzeug / Bemerkung

3. In der Seitenansicht sind die Zylinderschrauben Pos. 7 nicht dargestellt. Wodurch ist dennoch ihre Lage erkennbar (siehe Tabellenbuch: **Linienarten**)?

Tabellenbuch Seite ______ : ______

4. Nennen Sie Geometrieelemente, die zusammenpassen müssen, damit die Funktion des Biegewerkzeugs gewährleistet wird.

- Flachführung von Matrize Pos. 1 und ______ Pos. ___
- Rundführung von ______ Pos. ___ und Stößel Pos. ___
- Abstand Prismenmitte der ______ Pos. ___ zum Zylinderstift Pos. 8
- Geriebene ______ und Zylinderstifte Pos. 8
- Lochabstände der ______ Pos. ___ und Schrauben Pos. 7

5. Aus welchem Grund bekommen manche Teile in Gesamtzeichnungen keine Positionsnummer? Geben Sie anhand des Biegewerkzeugs ein Beispiel (mit Angabe der Positionsnummer).

Zum Beispiel: ______

Werkstoffe, Werkstoffkosten und Halbzeuge

6. Erläutern Sie die Normbezeichnungen der folgenden Werkstoffe.

E295 →

C80U →

C45 →

90MnCrV8 →

7. Welche Eigenschaften eines legierten Stahls werden durch folgende Legierungselemente erhöht (Tabellenbuch Seite)?

S → Mn →

Cr →

8. Ermitteln Sie die Masse *m* in kg und anschließend die Werkstoffkosten pro Stück in € für die Stellplatte Pos. 2 unter Berücksichtigung der Preisliste.

Die Bauteile Pos. 1, Pos. 2, Pos. 3 und Pos. 4 sind aus Halbzeugen mit der Bezeichnung EN 10278 herzustellen.
Diese Norm verweist auf die Art der Langstahlerzeugnisse.

Abmessung mm	kg / m	€ je 100 kg
45 x 15	5,300	152,00
45 x 20	7,070	152,00
45 x 25	8,830	164,00
45 x 30	10,60	171,00
50 x 5	1,960	142,00
50 x 6	2,360	141,00
50 x 8	3,140	141,00
50 x 10	3,930	141,00
50 x 12	4,710	141,00
50 x 15	5,890	141,00
50 x 20	7,850	141,00
50 x 25	9,810	141,00
60 x 25	11,80	143,00
60 x 30	14,10	146,00
60 x 35	16,50	178,00
60 x 40	18,80	155,00
60 x 50	23,60	169,00
65 x 5	2,550	174,00
65 x 6	3,060	174,00
65 x 8	4,080	174,00
65 x 10	5,100	174,00
65 x 12	6,120	175,00
65 x 15	7,650	175,00
65 x 20	10,20	175,00

Preisliste Flachstahl EN 10278 E295

9. Ermitteln Sie mithilfe des Tabellenbuchs die Art des Stahlprofils.

Tabellenbuch Seite :

Name:	Klasse:	Datum:	Seite: 31

Funktionsbeschreibung

Merke

Die Herstellung von Werkzeugen und Vorrichtungen ist oftmals aufwendig, da nur bei hoher Präzision die Werkzeuge und Vorrichtungen eine hohe Fertigungsgenauigkeit und Standzeit erreichen. Dazu wird bereits bei der Bemaßung der Zeichnungen besonders auf die Funktion geachtet (funktionsbezogene Bemaßung). Größe, Maßtoleranzen und Lage der für die Funktion des Werkzeugs wichtigen Elemente sind auf das Gegenstück abzustimmen.

Die Führung Pos. 4 muss auf der Stellplatte Pos. 2 so positioniert und befestigt werden, dass der Stempel Pos. 3 genau in die Matrize Pos. 1 einläuft.

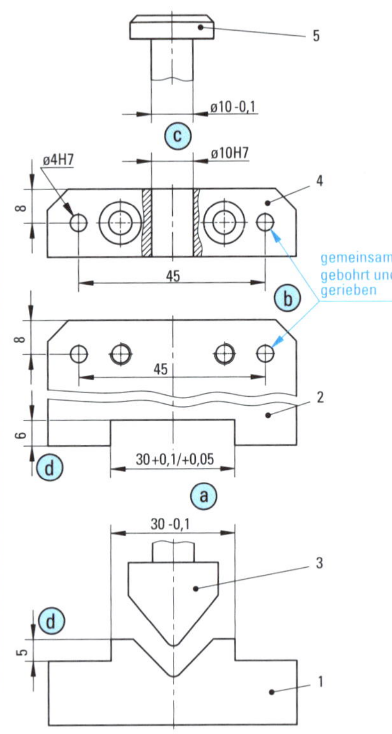

10. Wie geht man bei der Fertigung und Erstmontage vor?

11. Erläutern Sie mithilfe der Abbildung und den eingekreisten Ziffern das funktionsbezogene Positionieren der Teile Pos. 1 bis Pos. 5.

a) Die Matrize Pos. 1 und die Stellplatte Pos. 2 müssen bezüglich ihrer Lage in Querrichtung genau positioniert werden. Dies wird durch die Maßtoleranz +0,1 und ______ bei der ______ erreicht.

b) Die Führung Pos. 4 ist auf der Stellplatte Pos. 2 so zu positionieren, dass der Stempel einwandfrei in die Matrize einläuft. Dies wird erreicht, indem die Teile Pos. ___ und Pos. ___ für die ______ Pos. ___ gemeinsam ______ werden.

c) Der Stößel Pos. 5 mit dem aufgeschraubten Stempel Pos. 3 soll in der Führung Pos. 4 leichtgängig mit geringem Spiel zu bewegen sein. Dies wird durch die Maßtoleranzen ______ (Reiben) und ______ (Feindrehen) erreicht.

d) Die Tiefe der mittigen Aussparung der Stellplatte ist ebenfalls auf die Form der Matrize abgestimmt. Warum sind hier keine besonders zu beachtenden Maßtoleranzen eingetragen?

12. Aus welchem Grund werden Zylinderstifte nach ISO 8734 und nicht nach ISO 2338 verwendet? Informieren Sie sich im Tabellenbuch.

Tabellenbuch Seite ______ : ______

Teilzeichnung skizzieren

13. Skizzieren Sie die Teilzeichnung für die Führung Pos. 4 nach folgenden Vorgaben:

- Vorderansicht in Gebrauchslage
- funktionsbezogene Bemaßung für die Lochabstände
- Seitenansicht im Vollschnitt
- Draufsicht im Halbschnitt für die Senkung und Stiftbohrungen
- fertigungsbezogene Bemaßung für die Bohrungsdurchmesser und die Senkungen
- die Maße Seite 29 und Seite 32 entnehmen

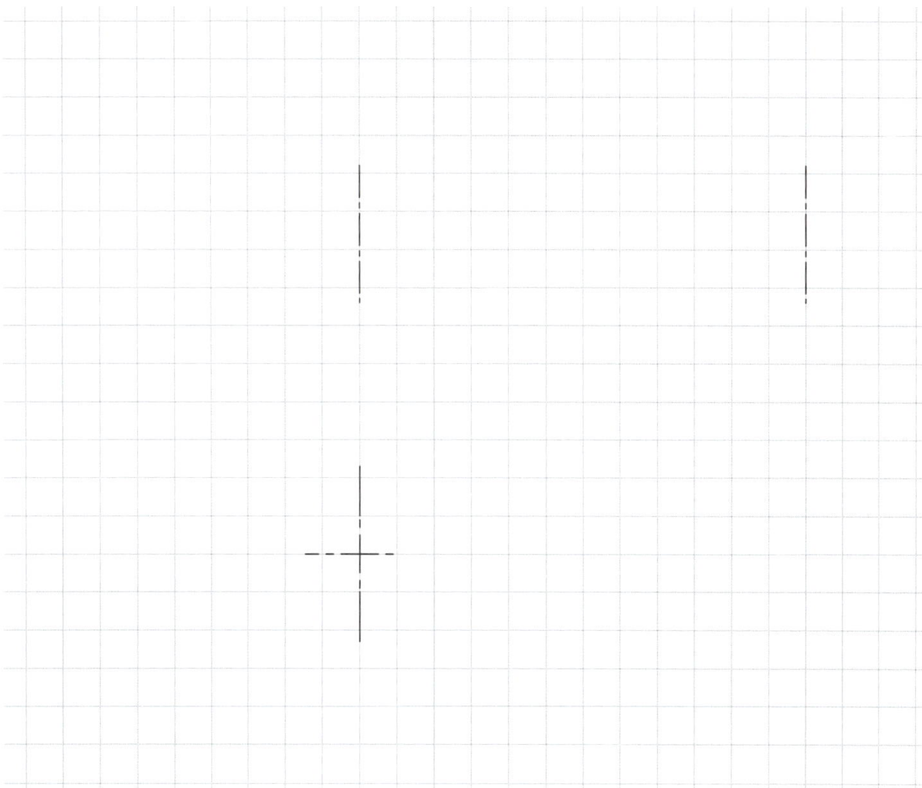

Skizze Führung Pos. 4

Fertigungspläne

Merke

Fertigungspläne geben Auskunft über Fertigungsschritte, Schnitt- und Einstellwerte für maschinelle Bearbeitung, benötigte Werkzeuge und Maschinen. Sie werden vor allem bei der Serienfertigung eingesetzt, um den Fertigungsablauf zu optimieren. Die umfassende Funktionsanalyse der Einzelteilzeichnung ist Grundlage für die Erstellung eines Fertigungsplans.

In Fertigungsplänen werden genormte Bezeichnungen und Fachbegriffe verwendet. Solche Bezeichnungen findet man in Fachbüchern, z. B. für:

- Fertigungsschritte: Senkung plan einsenken
- Werkzeuge: Flachsenker mit Führungszapfen
- Maschinen: Tischbohrmaschine
- Hilfsmittel: Maschinenöl, Putztuch

Das Rohteil für die Führung Pos. 4 ist abgesägt und auf Fertiglänge sowie winklig gefeilt.
Die Fasen sind auf Fertigmaß (5 x 45°) gefeilt.

14. Vervollständigen Sie den Fertigungsplan für die Führung Pos. 4 entsprechend der Beschreibung in Aufgabe 10.

lfd. Nr.	Arbeitsgang	Werkzeug	Hilfsmittel
1	Bohrungen anreißen und körnen	Höhenanreißer, Körner, Schlosserhammer 300 g	–
2	Bohrung für Stößel Pos. 5 bohren, und	Spiralbohrer Typ N mit ∅ und mm, 90°, Reibahle ∅10 mm H7	Kühlschmierstoff (KSS)
3	Durchgangslöcher für Schrauben Pos. 7 bohren, plan einsenken,	Spiralbohrer Typ N mit ∅ 5,5 mm, Flachsenker mit ∅ mm, Kegelsenker 90°	
4	Stößel Pos. 5, Druckfeder Pos. 6 und Stempel Pos. 3 in Führung Pos. 4 montieren	–	–
5	Führung Pos. 4 auf Stellplatte Pos. 2 ausrichten und	Innensechskantschlüssel mm	–
6	Stiftlöcher , und	Spiralbohrer Typ N mit ∅ mm, , Reibahle mm H7	

Fertigungsdaten bestimmen

Für die Biegevorrichtung ist die Stellplatte Pos. 2 herzustellen. Die Gesamtzeichnung mit der Stückliste und die Teilzeichnung informieren über den Werkstoff, das Halbzeug und die Formelemente der Stellplatte. Die Planflächen der Stellplatte werden durch Fräsen bearbeitet.

15. Fertigen Sie die Teilzeichnung für die Stellplatte Pos. 2 an. Stellen Sie in der Vorderansicht das Gewinde im Teilschnitt sowie in der Draufsicht das Gewinde und die Bohrung für den Zylinderstift im Halbschnitt dar.

16. Ordnen Sie die Arbeiten nach der Reihenfolge, wie sie auszuführen sind, durch Eintragen der Ziffern 1 bis 6 richtig an.

- Erste Seitenfläche plan und winklig fräsen
- Bohren, Senken und Gewindeschneiden (4 x)
- Bohren und Reiben mit Pos. 4
- Flachführung (30 + 0,1 x 6) fräsen
- Schrägen (5 x 45°) anbringen
- zweite Seitenfläche fräsen, Abstand 60 mm

17. Geben Sie die Betriebsmittel (Fräsmaschine und Spannmittel) an, die in Ihrer Ausbildungswerkstatt zur Verfügung stehen.

Für die Fräsarbeiten der Planflächen der Stellplatte Pos. 2 steht ein Schaftfräser nach DIN 844 zur Verfügung.

Durchmesser $d = 16\,\text{mm}$ Anwendungsgruppe

Schneidenanzahl $z = 4$ Schneidstoff: HS3-3-2

18. Bestimmen Sie mithilfe des Tabellenbuchs die Zugfestigkeit des Werkstoffs der Stellplatte Pos. 2 und anschließend die Werkzeug-Anwendungsgruppe des Fräsers.

Tabellenbuch Seite : →

Tabellenbuch Seite : →

19. Entnehmen Sie die Daten des Fräsers der Abbildung und ermitteln Sie mithilfe des Tabellenbuchs (*Seite F44*) die Zerspanungsgrößen. Tragen Sie diese in die Tabelle ein.

Zerspanungsgröße	Schnittdaten		
Schnittgeschwindigkeit v_c		Vorschub/Schneide f_z	
Drehzahl n			
Vorschubgeschwindigkeit v_f			
Schnitttiefe a_p	3 mm		

Merke

Die Schnittdaten sind Tabellen zu entnehmen. Die Tabellenwerte beruhen auf den Erfahrungen der Werkzeughersteller, die sie aus Zerspanungsversuchen bei unterschiedlichsten Bedingungen ermitteln.

20. Die Bohrungen der Stellplatte Pos. 2 sind mit einer HS-Maschinenreibahle zu reiben. Geben Sie dazu die Tabellenwerte aus Ihrem Tabellenbuch an.

Tabellenbuch Seite Schnittgeschwindigkeit $v_c =$

Vorschub $f =$ Werkstoffzugabe:

Merke

Das Reiben erhöht die Maßgenauigkeit, Zylinderform und Oberflächenqualität einer Bohrung. Reibahlen haben eine gerade Anzahl von Schneiden, dies ermöglicht das einfache Messen des Reibahlendurchmessers. Eine ungleiche Teilung der Schneidkeile verhindert das Entstehen von Rattermarken. Durch den negativen Spanwinkel entsteht eine geschlichtete Oberfläche.

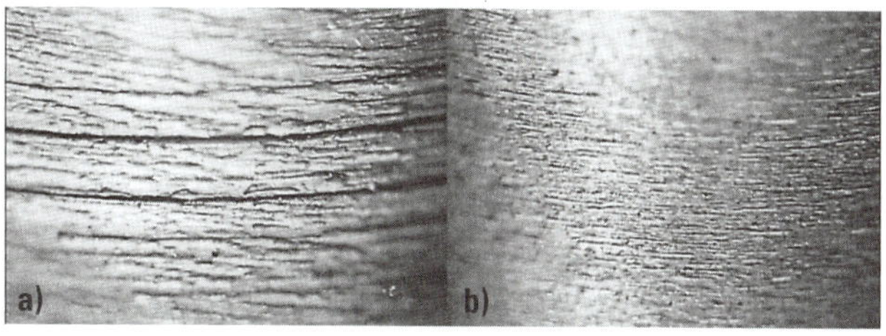

Bohrungsoberfläche a) vor und b) nach dem Reiben

21. Für das Reiben der beiden Bohrungen ∅ 4H7 der Stellplatte Pos. 2 wählen Sie:

☐ eine Reibahle mit Linksdrall. ☐ eine Reibahle mit Rechtsdrall.

Begründung:

22. Die Bohrungen für die Kernlöcher der Gewinde M5 in der Stellplatte sollen gefertigt werden. Bestimmen Sie dafür die technologischen und fertigungstechnischen Größen und tragen Sie diese in die Tabelle ein.

Zerspanungsgröße	Schnittdaten
Durchmesser des Bohrers aus HS	Tabellenbuch Seite → Typ
Schnittgeschwindigkeit v_c Bohren	Tabellenbuch Seite →
Vorschub *f* Bohren	Tabellenbuch Seite → Vorschubreihe →
Drehzahl *n* Bohren laut Drehzahldiagramm im Tabellenbuch Seite	
Spitzenlänge l_s des Spiralbohrers	
Vorschubweg *L* laut Tab. S.	
Betriebsmittel Hauptnutzungzeit t_h laut Tabellenbuch Seite	
Kühlschmierstoff laut Tabellenbuch Seite	

Merke

Aufgrund von Versuchen hat sich für Werkstücke aus Stahl ein Spitzenwinkel $\sigma = 118°$ als günstig erwiesen.

Mit Wasser mischbare Kühlschmierstoffe sind Emulsionen mit 2 bis 8 % Öl. Zudem enthalten sie sogenannte Additive zur Steigerung der gewünschten Eigenschaften. Diese Emulsionen können mit Bakterien und Pilzen befallen sein, vor allem wenn Maschinen längere Zeit stehen. Der Befall durch solche Keime wird meist durch ______ und eventuelle ______ der Emulsion bemerkbar. Bei Kontakt kann es bei Wunden zu Entzündungen, Hautausschlägen und allergischen Reaktionen kommen (siehe Projekt Zahnradpumpe: Arbeits- und Umweltschutz). Kühlschmierstoffe müssen fachgerecht entsorgt werden. Dies darf nur von spezialisierten Firmen erfolgen.

Die Entsorgung ist ______ .

Zerspanen durch Drehen

Die spanende Formgebung mit Maschinen erfolgt bei zylindrischen Werkstücken durch Drehen, Schleifen und Honen (Feinbearbeitung). Werden keine besonderen Anforderungen an die Oberfläche des zu bearbeitenden Werkstücks gestellt, so erfolgt die Bearbeitung durch Drehen. Die Abbildung zeigt den Ablauf einer Drehbearbeitung und die Bearbeitungswege des Drehmeißels.

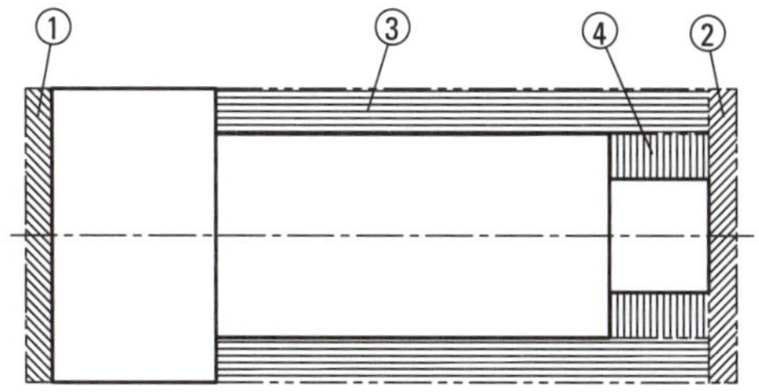

Bearbeitungswege Drehen

23. Beschreiben Sie, welche Teile des Bolzens durch Querplandrehen und welche Teile durch Längsrunddrehen zerspant werden.

24. Vergleichen Sie mithilfe des Tabellenbuchs die erreichbaren Oberflächenrauheiten, die mit diesen beiden Drehverfahren erreicht werden können.

Die Darstellung von rotationssymmetrischen Werkstücken erfolgt anhand folgender Regeln:

1. Drehteile werden in Fertigungslage gezeichnet, so wie sie auf der Drehmaschine aufgespannt sind.
2. Bei den meisten Drehteilen genügt eine Ansicht.
3. Teile mit durchgehender Innenform und einfacher Außenform werden im Vollschnitt, bei gestufter Innenform im Halbschnitt dargestellt. Kleinere Innenformen zeichnet man im Teilschnitt.
4. Die Längsachse des Werkstücks wird durch eine schmale Strichpunktlinie dargestellt.

Systeme der Maßeintragung: Hilfsmaße

Merke

Die Bemaßung eines Werkstücks kann fertigungsbezogen, prüfbezogen oder funktionsbezogen ausgeführt werden. Auf einer Zeichnung können auch gleichzeitig mehrere Systeme der Maßeintragung vorkommen.

1. Die fertigungsbezogene Bemaßung ist auf den Ablauf der Fertigung abgestimmt. Die Längenmaße gehen meist von der gleichen Maßbezugsfläche (Bezugsebene) aus. Davon abweichende Maßeintragungen können sich aus Gründen der Funktion ergeben (funktionsbezogene Bemaßung).
2. Meistens sind die Fertigungsmaße auch die Prüfmaße. Bei Bohrungen können zusätzliche Prüfmaße erforderlich sein, z. B. Abstandsmaße der Bohrungen bei der Stellplatte Pos. 2.
3. Bei Zylinderformen wird der Durchmesser bemaßt.
   Er ist einfacher zu messen als der Radius (prüfbezogene Bemaßung).
4. Vor dem Durchmessermaß steht stets das Durchmessersymbol ∅, vor Radien der Großbuchstabe R, jeweils gefolgt von der Maßzahl (ohne Leerzeichen).

25. Vervollständigen Sie die Zeichnung entsprechend den Regeln zur Systematik der Maßeintragung. Übernehmen Sie dabei die Maße aus der Zeichnung im Maßstab 1 : 1.

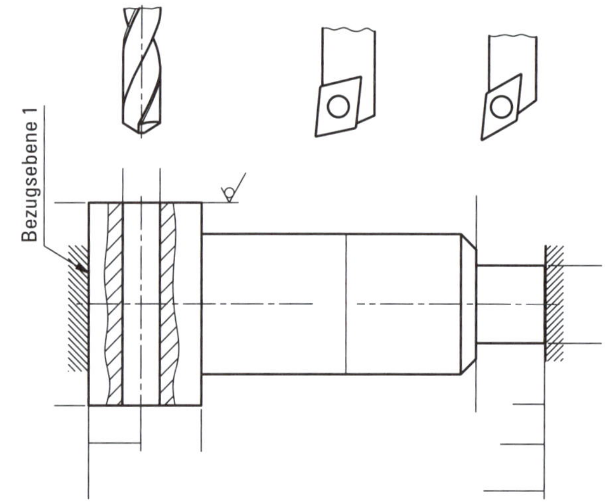

Maßstab 1 : 1

Alle Istmaße eines Werkstücks weichen von den Nennmaßen ab. Deshalb ist es nicht sinnvoll, zu viele Einzelmaße aneinander zu hängen. Besser ist es, immer von einer Maßbezugsebene ausgehend zu bemaßen. Hilfsmaße dienen lediglich zur Kennzeichnung von Zusammenhängen. Sie haben keine Grenzabmaße und werden immer in Klammern gesetzt.

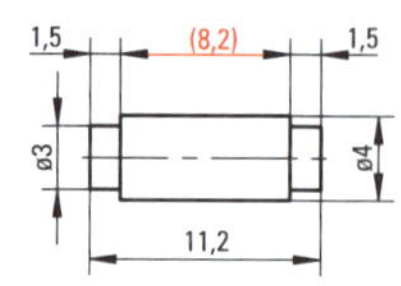

Teilzeichnung erstellen

26. Fertigen Sie die Einzelteilzeichnung des Stößels Pos. 5 an.
Bemaßen Sie dazu das Gewindeteil als Einzelheit Z.
Zeichnen Sie anschließend den Stößel mit einem CAD Programm.

Schneidstoffe

Bei Werkzeugen werden unterschiedliche Schneidstoffe verwendet. Für handgeführte Werkzeuge (Körner, Handmeißel) und ohne wesentliche Erwärmung (< 200 °C) genügt ____ oder ____ Werkzeugstahl (____ arbeitsstahl).
Beim Fertigen von Bauelementen mit Maschinen wird mit diesen Schneidstoffen jedoch keine ausreichende Standzeit erreicht. Spiralbohrer werden deshalb häufig aus ____ Werkzeugstahl (____ arbeitsstahl) oder sogenanntem ____ (HS) hergestellt. Bei ihrem Einsatz dürfen Temperaturen bis ____ °C auftreten.

Zentrierbohrer aus HS

Körner aus Kaltarbeitsstahl

Merke

Die Kurzbezeichnung der Schnellarbeitsstähle erfolgt unter Angabe der Legierungselemente Wolfram, Molybdän, Vanadium und Cobalt. Diese Legierungselemente werden in dieser Reihenfolge in ____ angegeben. Der Kohlenstoff- und Chromgehalt liegt bei ca. 0,9 % bzw. 4 % und wird ____ angegeben.

Für Fräs- und Drehwerkzeuge wird vielfach Hartmetall (HM) als Schneidstoff eingesetzt. Durch spezielle Beschichtungen kann u. a. die Schnittgeschwindigkeit deutlich   werden.

Wendeschneidplatten werden auf den Drehmeißel oder Fräser   oder   .

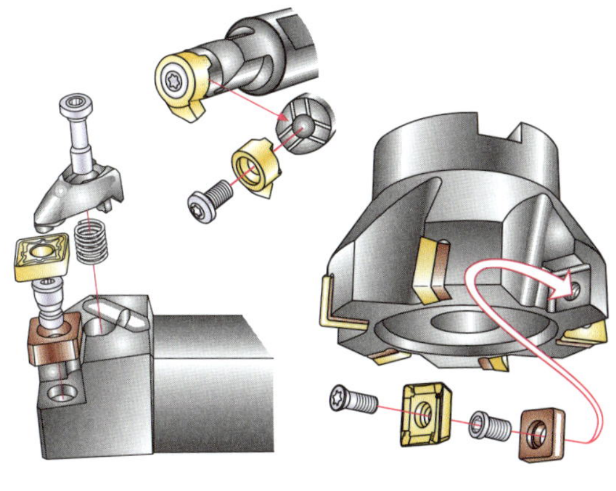

Befestigung von Wendeschneidplatten aus Hartmetall

Merke

Die Zeit, die eine Schneide ununterbrochen im Einsatz ist, heißt   .

27. Erläutern Sie die Normbezeichnung der folgenden Werkzeug- und Schnellarbeitsstähle und geben sie eine Beispielanwendung an.

Schneidstoff	Erläuterung	Anwendung
C80U	unlegierter	Hammer
C105U	Kaltarbeitsstahl	
102Cr6		
90MnCrV8		
HS3-3-2		
HS6-5-2-5		
HS10-4-3-10		

Fertigungsdaten bestimmen

28. Bestimmen Sie die Fertigungsdaten für die Drehbearbeitung des Stößels Pos. 5.

SIEHE DOWNLOAD: PROJEKT 3, AUFGABE 28.1 BIS 28.3

Biegen

Merke

Durch Biegen erfolgt eine spanlose Formgebung. Der Werkstoff wird dabei plastisch verformt.

Bei Biegeteilen müssen an den Biegestellen ausreichend große Rundungen angebracht werden, damit das Blech nicht reißt. Bei rechtwinkligen Biegeteilen gibt man meist die Außenmaße der Schenkellängen an. Die gestreckte Länge des Zuschnitts kann mit Ausgleichswerten oder über die neutrale Zone (Faser) berechnet werden.

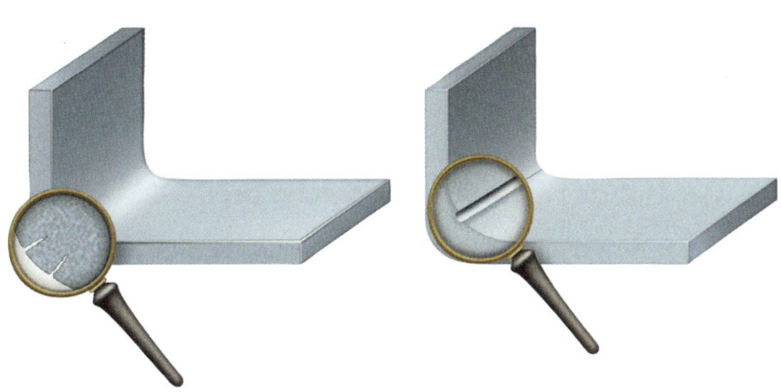

Blechzuschnitt

Berechnung der Zuschnittlänge *L* mithilfe:	
von Ausgleichswerten *v*	**der neutralen Zone (Faser)**
Die gestreckte Länge des Blechwinkels wird aus der Summe der Außenmaße (a = 30 mm und b = 20 mm) berechnet. Der Blechzuschnitt muss aber wegen der Rundung etwas kürzer gewählt werden. Diese Verkürzung wird mit Hilfe von Ausgleichswerten *v* nach DIN 6935 ermittelt. (Tabellenbuch Seite)	Die neutrale Faser ist die Faser, die beim Biegen weder gedehnt noch gestaucht wird. Sie verläuft etwa in der Mitte. Die gestreckte Länge setzt sich aus der Länge der einzelnen Formelemente zusammen. Bei dem Blechwinkel sind das die beiden Schenkelstrecken und der Viertelkreis auf der neutralen Faser.
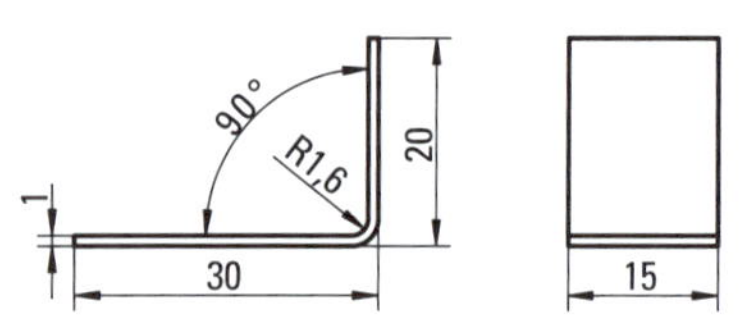	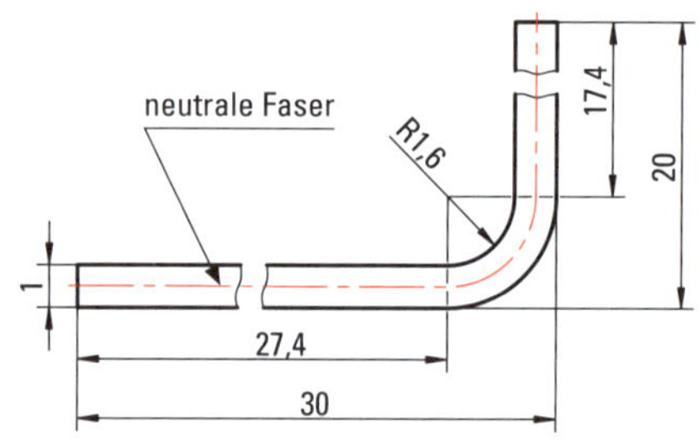
Berechnung *L*	Berechnung *L*

Bei einer rechtwinkligen Biegung verkürzt sich beim Blechzuschnitt jede Schenkellänge um die Hälfte des Ausgleichswertes. Die Summe der reduzierten Schenkellängen ergibt den Zuschnitt *L*.

29. Berechnen Sie die Zuschnittlänge *L* über die Verkürzung der Schenkellängen.

30. Zeichnen Sie den Blechzuschnitt und die Biegelinie im Maßstab 2 : 1. Bemaßen Sie den Blechzuschnitt fertigungsbezogen.
Hinweis: Die Biegelinie wird als schmale Volllinie dargestellt.

31. Fertigen Sie eine Teilzeichnung für die Matrize Pos. 1 unter Berücksichtigung der folgenden Bedingungen an:

- Bestimmen Sie zunächst den Biegehalbmesser an der Matrize sowie den Öffnungswinkel der Matrize bei einer Rückfederung bei DC02 von ca. 3°.
- Bestimmen Sie die Abmessungen der Senkung mithilfe des Tabellenbuchs Seite .
- Vorderansicht in Gebrauchslage mit Teilschnitten für Senkung und Stiftbohrung
- funktionsbezogene Bemaßung für Prisma, Flachführung und Lochabstände der Zylinderstifte Pos. 8
- fertigungsbezogene Bemaßung für die Bohrungsdurchmesser und Senkungen

Oberflächenbeschaffenheit

Die Funktion des Biegewerkzeugs wird wesentlich beeinflusst von der Rauheit der Oberflächen.

- Die Gleitfläche der Rundführung (Pos. 5/Pos. 4) soll glatt sein, um ______ und ______ zu verringern.
- Die Flächen zur Positionierung (Pos. 1/Pos. 2) von Teilen sollen ______ Rauheit haben, damit die verlangte Genauigkeit erreicht wird.
- Außenflächen ohne besondere Funktion (Pos. 1/Pos. 2/Pos. 4) sollen aus optischen Gründen und auch zur Verringerung der Korrosion nicht zu ______ sein.

Diese Anforderungen an die Oberflächen verlangen entsprechende Eintragungen in die Teilzeichnungen und anschließend entsprechende Fertigungsverfahren.

Merke

Man verwendet zur Angabe der Oberflächenbeschaffenheit von Werkstücken vor allem die Kenngrößen *Rz*[1] und *Ra*[2]. Rauheitswerte werden in µm angegeben. Bei derselben Oberflächenbeschaffenheit sind die *Ra*-Werte kleiner als die *Rz*-Werte.

32. Vervollständigen Sie die Mindmap zu den **Eintragungen der Symbole zur Kennzeichnung der Oberflächenbeschaffenheit von Werkstücken** nach DIN EN ISO 1302 mithilfe der Darstellungen und Aussagen im Tabellenbuch (Seite **K49** und **K50**).

In Teilzeichnungen kennzeichnet man die Rauheit der Oberflächen durch graphische Symbole, die aus einem Grundsymbol mit Zusatzzeichen bestehen.

Angaben zu Oberflächenbeschaffenheiten in Teilzeichnungen

Werkstückkanten

Scharfe Kanten ohne Funktion werden durch Anfasen oder Runden gratfrei gemacht. Die Eintragung in Teilzeichnungen erfolgt gemäß Tabellenbuch Seite ______.

[1] Erreichbare gemittelte Rautiefe → Tabellenbuch Seite K48

[2] Erreichbare Mittenrauwerte → Tabellenbuch Seite K48

Fertigungsverfahren und Kenngrößen festlegen

33. Legen Sie die Fertigungsverfahren und die Oberflächenbeschaffenheit für die Matrize Pos. 1 und die Führung Pos. 4 fest.

SIEHE DOWNLOAD: PROJEKT 3, AUFGABE 33.1 BIS 33.5

Maßtoleranzen und Passungen

Damit die Montage ohne Nacharbeit und die Funktion des Biegewerkzeugs gewährleistet wird, sind die Abmessungen einiger Geometrieelemente so auf die Gegenstücke abzustimmen, dass beim Fügen sicher ein Spiel oder ein Übermaß entsteht. Da es aber unmöglich ist, das auf der Zeichnung stehende Maß ganz genau einzuhalten, wird eine gewisse Abweichung vom angegebenen Nennmaß geduldet – die Toleranz.

Mit Inkrafttreten der DIN EN ISO 8015 – **G**eometrische **P**rodukt**s**pezifikation (GPS) haben sich die Regeln zur Bemaßung und damit zusammenhängend zur Tolerierung von Werkstücken verändert. Eine eindeutige und vollständige Beschreibung der Geometrie eines Werkstücks kann nur durch die zusätzliche Anwendung von Form- und Lagetoleranzen erfolgen (Siehe Arbeitsheft 3061 Lernfelder Metalltechnik 2).

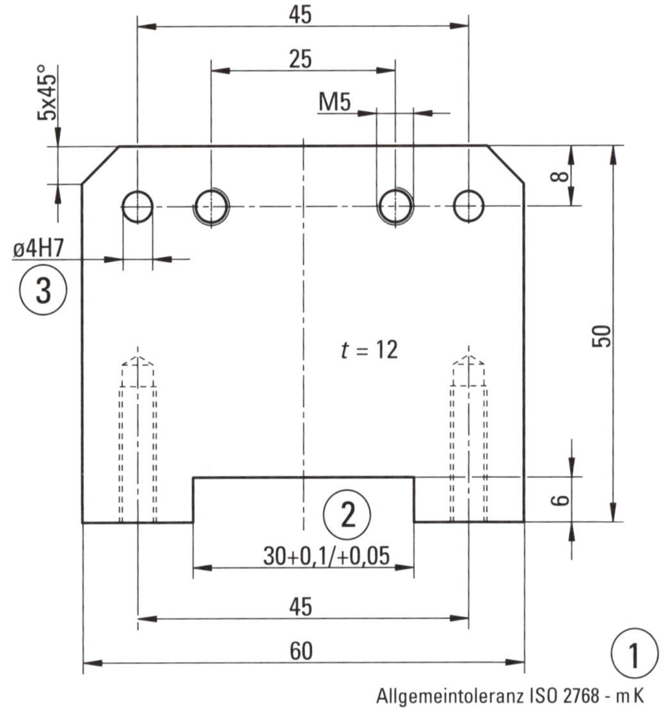

Merke

Toleranzen sind so ______ wie möglich und so ______ wie nötig zu wählen.

Allgemeintoleranz ISO 2768	Einzelmaße mit Toleranzangabe	ISO-Toleranz ISO 268
Die Maßtoleranz ist Tabellen zu entnehmen. Die Toleranzklasse ist dem Schriftfeld zu entnehmen. Beispiel ①	Die Maßtoleranz wird hinter dem Nennmaß durch die Grenzabmaße angegeben. Beispiel ②	Die Maßtoleranz wird hinter dem Nennmaß durch einen Buchstaben und eine Zahl angegeben. Beispiel ③

34. Erarbeiten Sie die Darstellungsregeln für die Angabe der Toleranzen mithilfe des Fachkundebuchs und des Tabellenbuchs Seite ______. Fassen Sie die Ergebnisse auf einem gesonderten Blatt zusammen. Geben Sie für jede Möglichkeit der Toleranzangabe ein Beispiel aus der Teilzeichnung der Stellplatte Pos. 2 und erläutern Sie es.
Präsentieren Sie die Ergebnisse ihren Mitschülerinnen und Mitschülern.

Merke

Je kleiner die Maßtoleranz gewählt wird, desto ______ wird der fertigungstechnische Aufwand.

Zusätzlich ist mit genaueren und damit ______ Messgeräten zu prüfen. Dadurch ______ die Fertigungskosten.

Name:	Klasse:	Datum:	Seite: 42

Form- und Lagetoleranz

Geometrieelemente sind nicht nur in ihrer Größe, d. h. den Maßen, sondern auch in den zulässigen Abweichungen bezüglich ihrer Form und ihrer Lage zu tolerieren. Geometrieelemente, die keine besondere Funktion mit Gegenformen haben, werden durch Allgemeintoleranzen nach DIN ISO 2768 festgelegt. Im allgemeinen Maschinenbau wird durch die Toleranzklasse K werkstattübliche Genauigkeit erreicht.

35. Bestimmen Sie für die Aussparung in der Stellplatte Pos. 2 mit dem Nennmaß $N = 30$ mm die zulässige Abweichung von der symmetrischen Lage mithilfe des Tabellenbuchs Seite ______ .

Prüfprotokoll

Ein Auszubildender konnte aus Zeitmangel die Stellplatte Pos. 2 nicht mehr vollständig fertigen. Auch konnte er einzelne Geometrieelemente nicht innerhalb der verlangten Toleranzen herstellen.

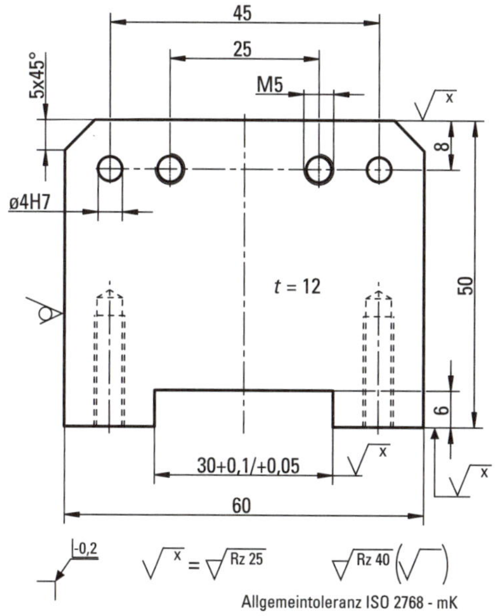

Teilzeichnung

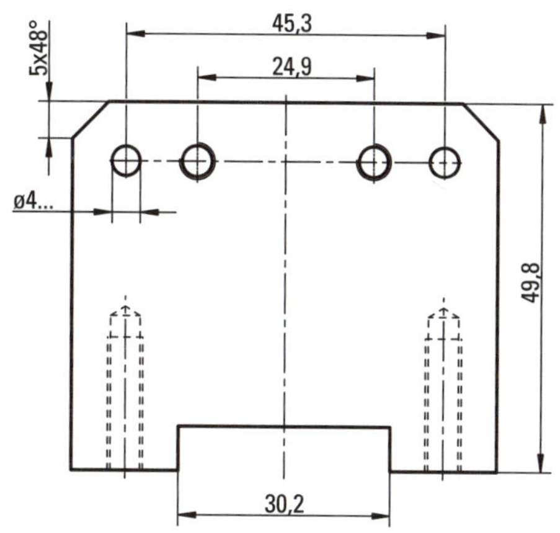

Durch den Prüfer ermittelte Maße

36. Ermitteln Sie als *Fremdprüfer* die erreichte Punktzahl. Beachten Sie die eingetragenen Maßtoleranzen und die Allgemeintoleranzen für Längen- und Winkelmaße sowie für Form und Lage.

Sie haben bei der Sicht- und Maßprüfung Folgendes festgestellt:

- Grate an rund der Hälfte der Werkstückkanten, Flächen nicht sorgfältig gefeilt,
- Bohrungen zu wenig und teilweise nicht profilgesenkt,
- Bearbeitete Stirnflächen teilweise von der Ebenheit abweichend,
- Grenzlehrdorn für ∅4 H7 beidseitig einführbar,
- Abweichung um 0,5 mm von der Rechtwinkligkeit bei beiden bearbeiteten Stirnflächen

Name:	Klasse:	Datum:	Seite: 43

Prüfprotokoll für das Bauelement Stellplatte Pos. 2 des Biegewerkzeugs

Sichtprüfung (Gewichtung $g_1 = 3$)		mögliche Punkte: 10 – 8 – 5 – 3	
Nr.	**Prüfmerkmal** (z. B. Oberflächen, Fasen, Rundungen, Senkungen)	**erreichte Punkte** eigen	fremd
1	Ebenheit der Flächen		
2	Rechtwinkligkeit der bearbeiteten Stirnflächen		
3	Oberflächenbeschaffenheit der gefeilten Flächen		
4	Werkstückkanten gratfrei		
5	Bohrungen profilgesenkt		
	Summe der erreichten Punkte (S_1)		

Maßprüfung (Gewichtung $g_2 = 7$)						mögliche Punkte: 10 – 2 – 0	
Nr. $(n)_2$	**Messgerät, Lehre**	**Nennmaß**	**Grenzabmaß**	**festgestelltes Istmaß** eigen	fremd	**erreichte Punkte** eigen	fremd
1		50					
2		30					
3		45					
4		25					
5		(5 x) 45°					
6		∅ 4 H7					
7							
					Summe der erreichten Punkte (S_2)		

Ermittlung der Gesamtpunkte		eigen	fremd
Sichtprüfung	$(S_1 : n_1) \cdot g_1$		
Maßprüfung	$(S_2 : n_2) \cdot g_2$		
	erreichte Gesamtpunkte (von insgesamt 100 Punkten)		

37. Entwerfen Sie ein Prüfprotokoll für die Führung Pos. 4. Verwenden Sie hierfür das als Download zur Verfügung stehende Prüfprotokoll. Ermitteln Sie als Fremdprüfer die erreichte Punktzahl.

SIEHE DOWNLOAD: PROJEKT 3, AUFGABE 37

Umlenkrolle

Das Band einer Fördereinrichtung wird von einem Elektromotor über ein Getriebe angetrieben. An den Enden wird das Band mit Umlenkrollen umgelenkt. Die Gesamtzeichnung zeigt die nicht angetriebene Umlenkrolle. Die Lagerung dieser Umlenkrolle enthält die typischen, weitgehend genormten Bauteile.

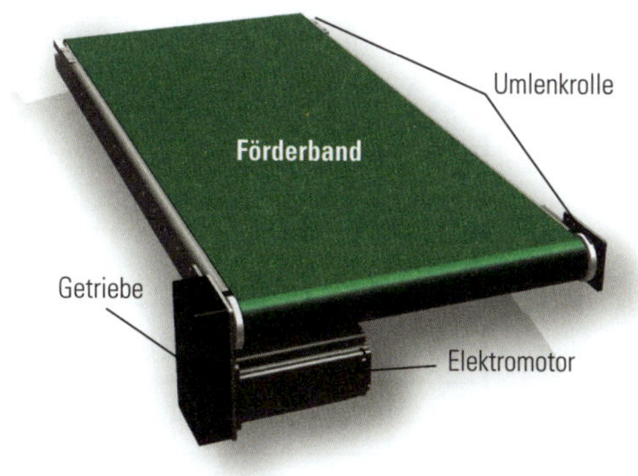

Gesamtzeichnung und Stückliste

1. Legen Sie die nicht genormten Teile der Umlenkrolle in der Gesamtzeichnung verschieden farbig an.

2. Ergänzen Sie die Positionsnummern in der Gesamtzeichnung sowie die Stückliste.

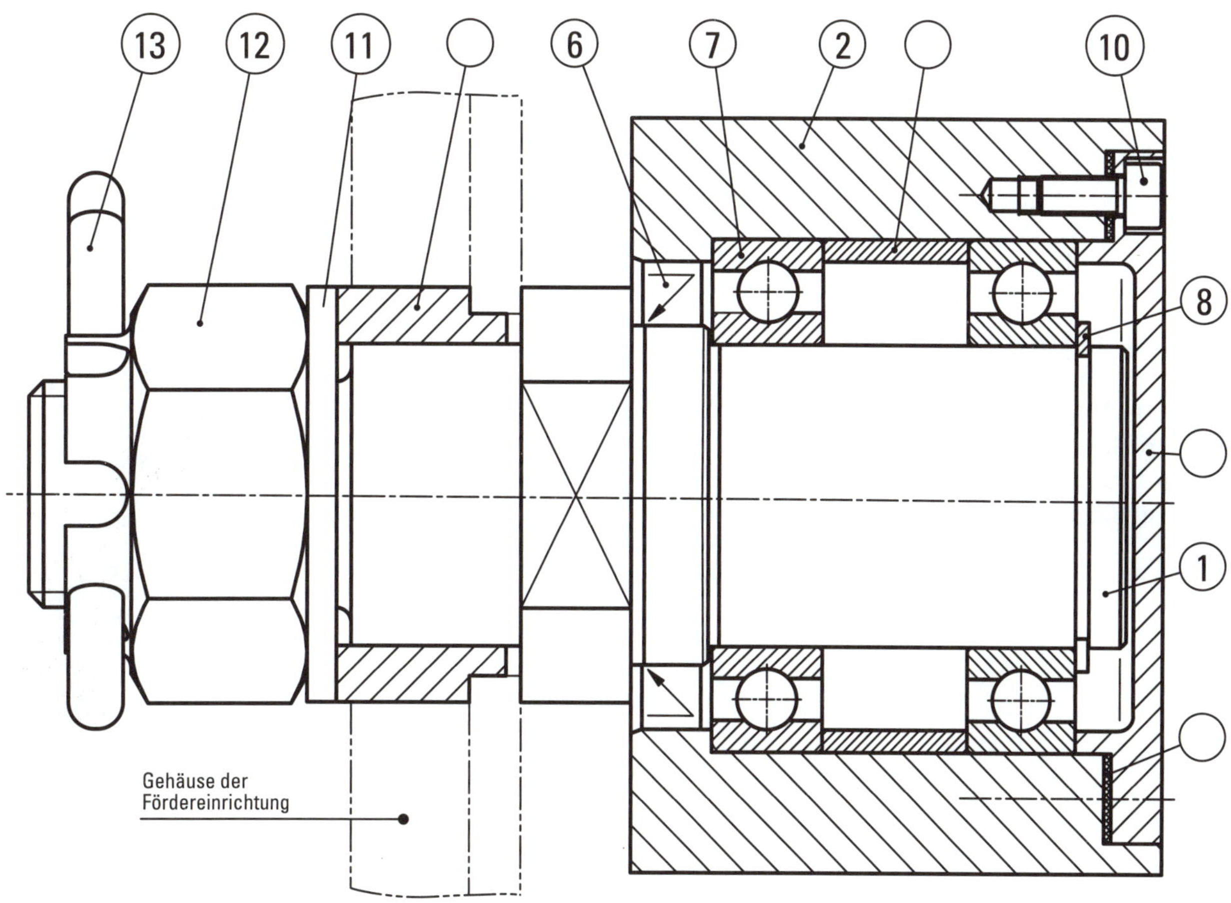

Gesamtzeichnung

Umlenkrolle Maßstab 1 : 1 Allgemeintoleranz ISO 2768 - mK

Für individuelle Notizen

13	1		St	ISO 1234 - 6,3 x 56
12	1			DIN 935 - M30 x 2
11	1		200HV	ISO 7089 - 30
10	4			ISO 4762 - M5 x 12
9	1	Dichtung	NB	ø90 x 11 - 1,2
8	1	Sicherungsring	St	DIN 471 - 40 x 1,75
7	2	Rillenkugellager		DIN 625 - 6008
6	1	Wellendichtring	NB	RWDR DIN 3760 - A 45 x 62 x 8
5	1	Lagerbuchse	E295	
4	1	Deckel	EN-GJL-200	ø95 x 15
3	1	Distanzbuchse	S235JR	
2	1	Rolle	EN AW-AlMg3F	
1	1	Achse	E335	
Pos.	Menge	Benennung	Werkstoff	Halbzeug / Bemerkung

Übersetzung und Drehzahl

Eine wichtige Aufgabe des Mechanikers / der Mechanikerin ist die Montage, Wartung und Instandhaltung von Baugruppen.
Das Förderband wird von einem Elektromotor mit n_e = 1000 1/min über das Getriebe mit einer Geschwindigkeit v = 62,83 m/min angetrieben.

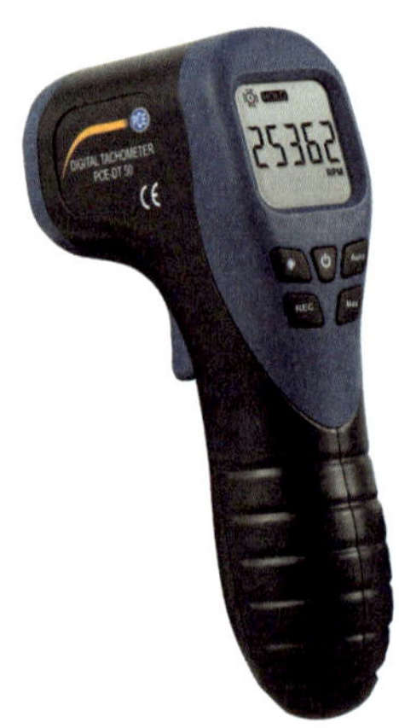

3. Wie können Sie bei der Wartung die Drehzahl des Elektromotors überprüfen?

4. Wie groß ist die Drehzahl n_a der Umlenkrollen und das Übersetzungsverhältnis i?

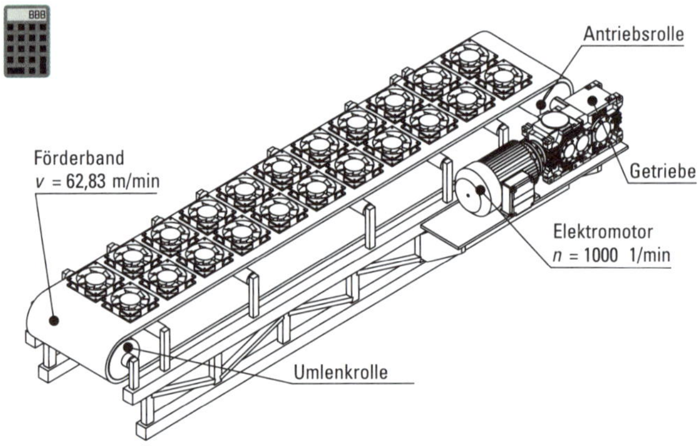

Konstruktive Änderungen

Das Förderband dehnt sich im Lauf der Zeit.

5. Nennen Sie zwei konstruktive Möglichkeiten, um das Band nachzuspannen.

-
-

6. Nennen Sie zwei konstruktive Möglichkeiten, die gewährleisten, dass das Band möglichst mittig auf den Umlenkrollen läuft.
Erstellen Sie hierfür jeweils eine Skizze.

-
-

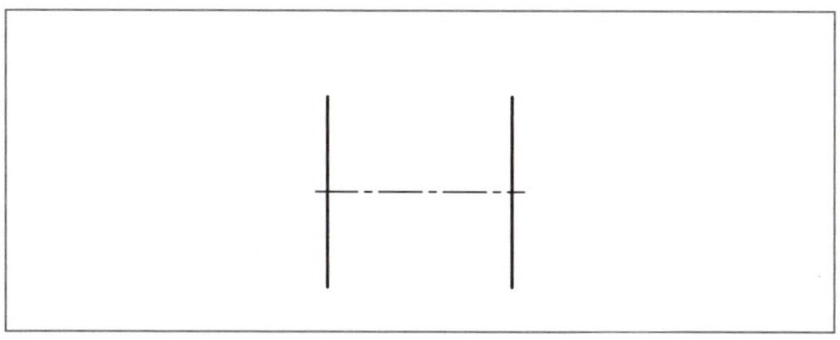

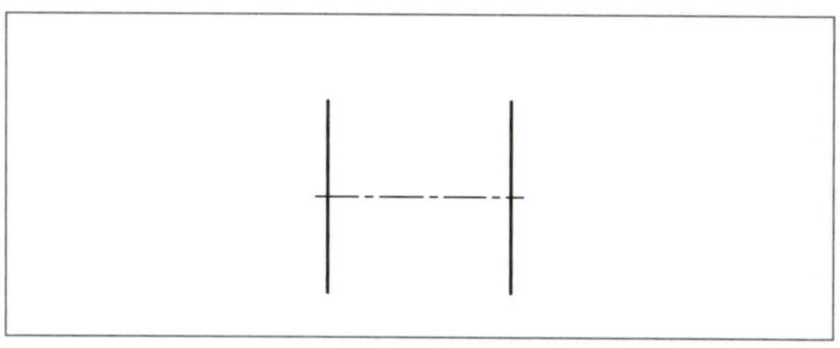

Montage

7. **a)** Ermitteln Sie den Mindestabstand des Sicherungsrings Pos. 8 von der Stirnseite der Achse Pos. 1 mithilfe des Tabellenbuchs.

Tabellenbuch Seite ______ : Der Mindestabstand beträgt ______ .

b) Weshalb darf dieser Abstand nicht unterschritten werden?

8. Bestimmen Sie mithilfe des Tabellenbuchs die Abmessungen des Rillenkugellagers Pos. 7.

Tabellenbuch Seite ______ : $B =$ ______ $D =$ ______ $R_{min} =$ ______

9. Vervollständigen Sie das Strukturbild für die Montage der nicht angetriebenen Umlenkrolle.
Verwenden Sie dazu die Gesamtzeichnung auf Seite 45.

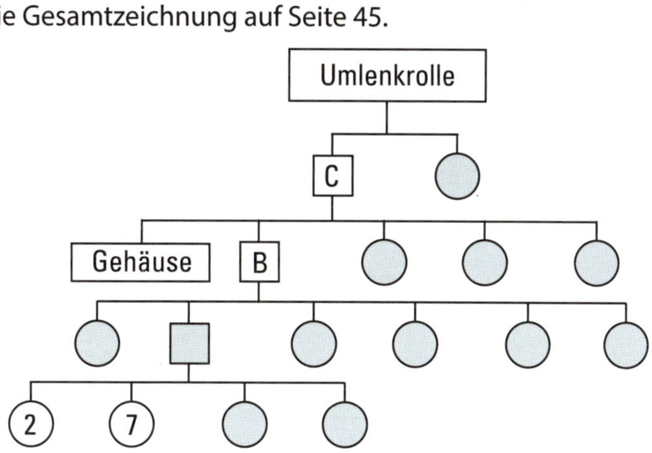

10. Beschreiben Sie die Montage der Umlenkrolle, dem Strukturbild in Aufgabe 9 entsprechend. Ergänzen Sie dazu die folgende Tabelle.

lfd. Nr.	Montageschritt	Werkzeug	Hilfsmittel
1	Baugruppe A		
2	Baugruppe B		
3	Baugruppe C		
4	Erzeugnisgruppe „Umlenkrolle"		

Name:	Klasse:	Datum:	Seite: 48

Montagewerkzeuge, Normteile und Schmierstoffe

Bei der Montage der Rillenkugellager wird eine Montagebuchse verwendet.

11. An welchem Ring des Lagers ist die Buchse anzusetzen? Begründen Sie ihre Antwort.

12. Worauf ist beim Einbau des Radial-Wellendichtrings Pos. 6 bezüglich der Lage der Dichtlippe zu achten?

Wird die Umlenkrolle in sehr staubiger Umgebung eingesetzt, empfiehlt sich die Verwendung eines Radial-Wellendichtrings der Form AS.

13. **a)** Erläutern Sie, worin der Unterschied zur Form A besteht.

Tabellenbuch auf Seite ______ :

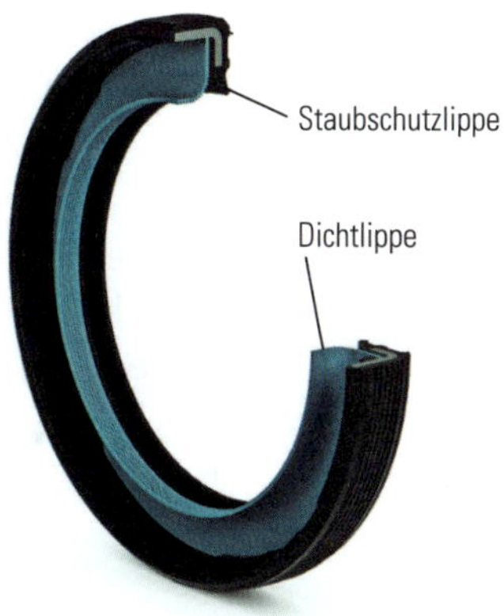

b) Bei Verwendung eines Radial-Wellendichtrings der Form AS soll der Zwischenraum zwischen Dicht- und Schutzlippe mit Schmierfett gefüllt werden. Zeichnen Sie die Schmierfettfüllung in das nebenstehende Bild ein.

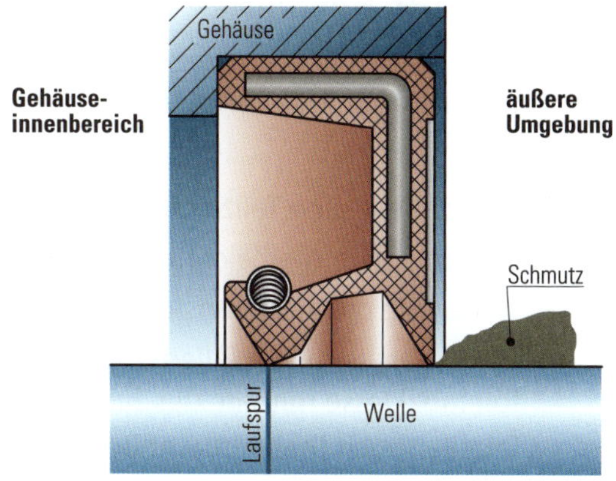

Die Rillenkugellager werden mit Fett geschmiert.

14. Welchen Vorteil hat Fett gegenüber Öl?

15. Entschlüsseln Sie die Bedeutung des Schmierfetts für die Rillenkugellager mithilfe des Tabellenbuchs.

→ Tabellenbuch Seite :

△ →

K →

3 →

N →

–20 →

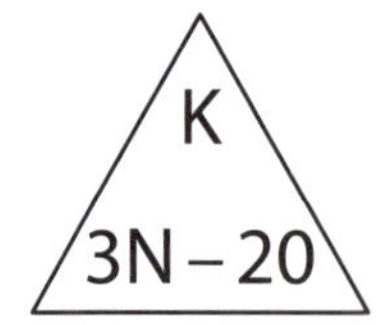

16. Benennen und beschreiben Sie den Verwendungszweck der abgebildeten Montagewerkzeuge. Kreuzen Sie die Werkzeuge an, die zur Montage der Umlenkrolle benötigt werden.

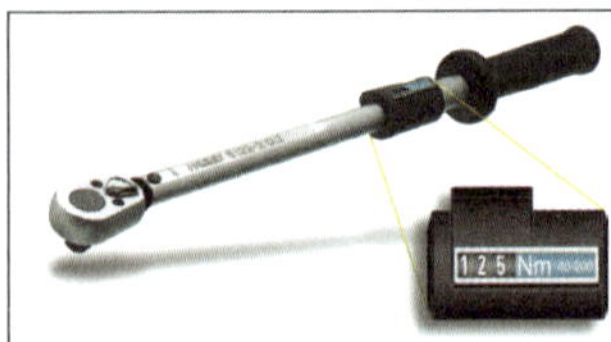 ◯	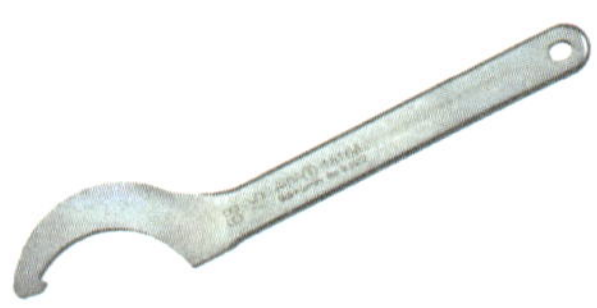 ◯	 ◯	 ◯
Drehmomentschlüssel sind erforderlich, um eine verbindung mit einem bestimmten Drehmoment anzuziehen.	**Hakenschlüssel** werden für das Verschrauben von verwendet.	**Drehschlagschrauber** kommen zum Einsatz, wo Schraubenverbindungen ein hohes Anzugs benötigen und eine manuelle Montage mit einem zu aufwendig ist.	**Knarren** ermöglichen die Drehbewegung in nur eine , sind jedoch schaltbar. Die Aufnahme hat eine form.

Teilzeichnungen anfertigen

SIEHE DOWNLOAD: PROJEKT 4, AUFGABE 17.1 BIS 17.2

17. Erstellen Sie je eine Teilzeichnung für die Lagerbuchse Pos. 5 und die Rolle Pos. 2.
Beachten Sie für die Zeichnung der Rolle die folgenden Vorgaben:

- Stellen Sie die Vorderansicht der Rolle vollständig im Schnitt dar.
- Der Lagersitz für die Rillenkugellager Pos. 7 erhält das Maß ∅ 68. Finden Sie die zugehörige Toleranzklasse mithilfe des Tabellenbuchs heraus.
  Tabellenbuch (bei mittlerer Belastung des Rillenkugellagers) Seite → last
- Der Sitz des Radial-Wellendichtrings Pos. 6 erhält das Maß ∅ 62.
  Finden Sie die zugehörige Toleranzklasse mithilfe des Tabellenbuchs heraus.

  Tabellenbuch Seite →
- Der Lagersitz und die Bandlauffläche sind mit $Rz = 6{,}3$ µm auszuführen.

Schraubenverbindungen

Mit Schrauben können Teile sicher, lösbar, platzsparend und wirtschaftlich verbunden werden. Sie sind deshalb häufig verwendete Verbindungselemente. Sie werden für die unterschiedlichsten Aufgaben eingesetzt und dem jeweiligen Verwendungszweck angepasst.
So werden die Zylinderschrauben Pos. 10 der sich drehenden Umlenkrolle aus Sicherheitsgründen versenkt, um das Verletzungsrisiko durch herausstehende Schraubenköpfe zu verhindern (siehe Aufgabe 17).
Die Bilder zeigen Schrauben verschiedener Ausführungsarten, -formen und Werkstoffe.

18. Ergänzen Sie mithilfe des Tabellenbuchs die fehlenden Angaben.

Schraubenverbindung	Zylinderschraube mit Innensechskant DIN EN ISO 4762 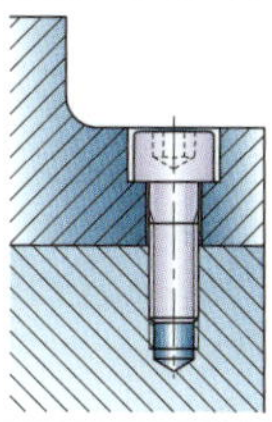	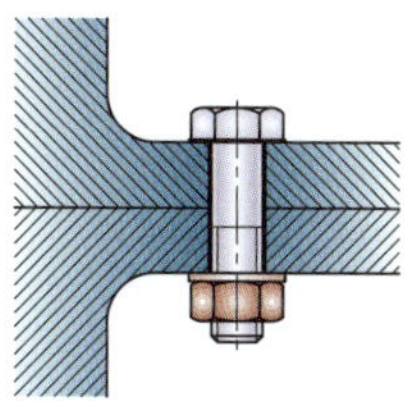	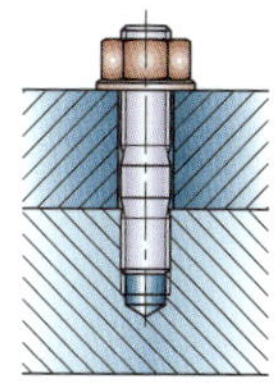	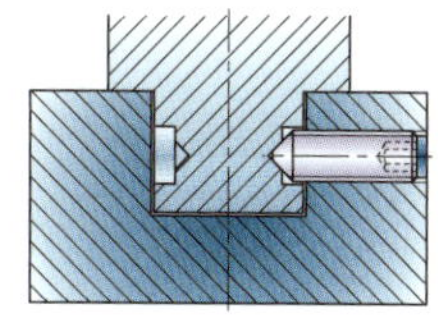
Merkmale	Der kann bei entsprechender Flachkopfsenkung im Gehäuse versenkt werden.		Die Gewindezapfen sind unterschiedlich lang. Das Ende mit dem Gewinde wird in das Werkstück geschraubt.	Gewinde haben über ihre gesamte Länge ein . Zur Montage dient ein oder ein .
Bemerkungen	Versenkte Schraubenköpfe sind erforderlich: • aus Sicherheitsgründen (gefahr) • um die Funktion der Einzelteile sicherzustellen		Das Lösen der Verbindung erfolgt durch die . Das Gewinde im Bauteil wird dadurch geschont. Diese Verbindungsart ist z. B. an Maschinendeckeln zu finden, die häufig wieder werden müssen.	Mit Gewindestiften werden Maschinenteile wie z. B. oder gegen und axiales gesichert.

19. Worauf weisen die Markierungen an der abgebildeten Mutter bzw. am Schraubenkopf hin?

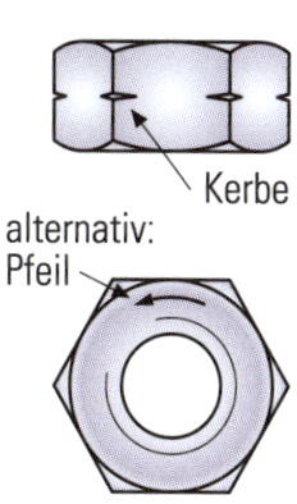

Das Lösen der Schrauben ist wenn notwendig durch Schraubensicherungen zu verhindern. Schraubensicherungen nehmen dabei je nach Beanspruchung unterschiedliche Aufgaben wahr. Sie müssen deshalb je nach Aufgabe ausgewählt werden.

20. Welche Art der Schraubensicherung kommt bei der Umlenkrolle (Pos. 12 und Pos. 13) zur Anwendung? Erläutern Sie diese Art der Schraubensicherung.

Schraubensicherung

- Setzsicherung
- Losdrehsicherung
- Verliersicherung

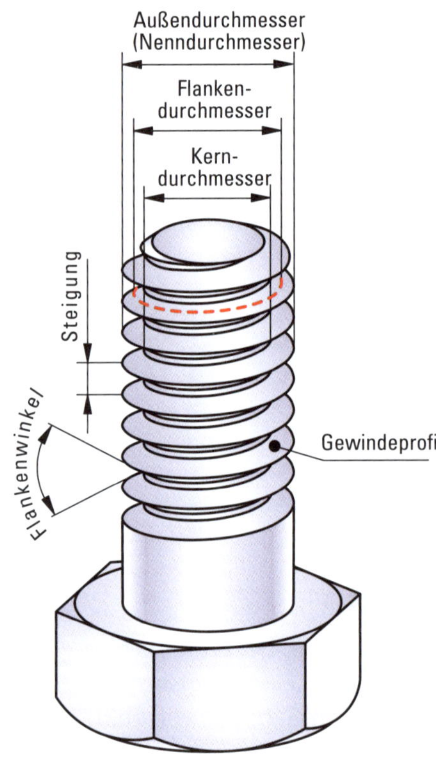

Bezeichnungen und Kennwerte am Gewinde

Für ein Schraubengewinde sind verschiedene Bezeichnungen festgelegt. Neben diesen geometrischen Festlegungen (Tabellenbuch Seite: ______) sind auch Kennzeichnungen für die Festigkeit möglich.

Eine Festigkeitsbezeichnung für Schrauben besteht aus zwei Zahlen, die durch einen Punkt voneinander getrennt sind. Aus diesen Zahlen kann abgeleitet werden:

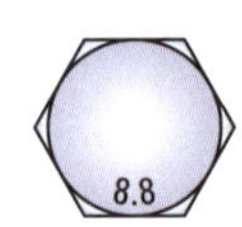

- die Zugfestigkeit R_m = 1. Zahl x 100 (in N/mm^2)
- die Streckgrenze R_e = 1. Zahl x 2. Zahl x 10 (in N/mm^2)

Die so berechneten Festigkeitswerte der Schraube sind Näherungswerte. Die genauen Festigkeitskennzahlen von Schrauben sind dem Tabellenbuch (Seite: ______) zu entnehmen.

21. Bestimmen Sie die Festigkeiten der abgebildeten Schraube mithilfe der Überschlagsrechnung und vergleichen Sie die Festigkeitswerte mit den Kennzahlen im Tabellenbuch.

Mindestzugfestigkeit R_m = ______ → Tabellenbuch: ______ mm^2

Streckgrenze R_e = ______ → Tabellenbuch: ______ mm^2

Die Mindesteinschraubtiefe l_e muss so groß gewählt werden, dass im Gewinde des Bauteils eine etwas höhere Beanspruchung als im Querschnitt des Gewindebolzens erreicht wird. Die Mindesteinschraubtiefe kann dem Tabellenbuch (Seite: ______) entnommen werden und ist dabei abhängig von:

- dem Nenndurchmesser d und der Steigung des Gewindes P
- der Festigkeitsklasse der Schraube
- der Festigkeit des Grundwerkstoffs.

Schrauben sind so anzuziehen, dass ein Verschieben der Teile durch die Reibkraft zwischen den Berührflächen verhindert wird. Muss zusätzlich genau positioniert werden, sind Zylinderstifte zu verwenden. Die Einhaltung eines bestimmten Anziehdrehmoments ist erforderlich, wenn z. B. Flächen dichten oder Teile sich nicht bleibend verformen dürfen. Das Anziehdrehmoment und die Vorspannkräfte für Schaftschrauben können dem Tabellenbuch (Seite: ______) entnommen werden. Sie sind abhängig von:

- dem Nenndurchmesser des Gewindes d
- der Festigkeitsklasse der Schraube
- der Gleitreibungszahl μ_{ges}.

22. Bestimmen Sie das Anziehdrehmoment für die Zylinderkopfschrauben Pos. 10 bei mittlerer Gleitreibungszahl μ_{ges}.

Tabellenbuch: ______

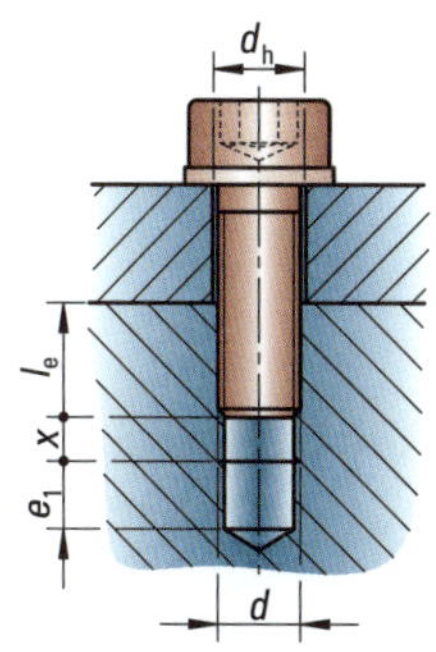

$x \approx 3P$
$e_1 \approx (4....6) \cdot P$

23. Bestimmen Sie die Mindesteinschraubtiefe l_e und die Maße x und e_1 für die Zylinderkopfschraube Pos. 10 mithilfe des Tabellenbuchs.

Tabellenbuch: ______

______

Darstellen von Gewinden DIN ISO 6410-1

Gewinde werden nach der Norm vereinfacht dargestellt. Dabei gilt es zu beachten, dass:

- in der Darstellung zwischen Außen- und Innengewinde unterschieden wird,
- Außengewinde in der Vorderansicht ______ , Innengewinde ______ erhalten,
- in der Seitenansicht Anfasungen und Ansenkungen nicht dargestellt und durch einen ______ ersetzt werden,
- bei den Linienstärken gilt: Was im Fertigungsablauf zuerst da ist, erhält ______ Volllinien.

24. Ergänzen Sie die dargestellte Schraubenverbindung (Pos. 10 + Pos. 4 + Pos. 2) der Umlenkrolle normgerecht.

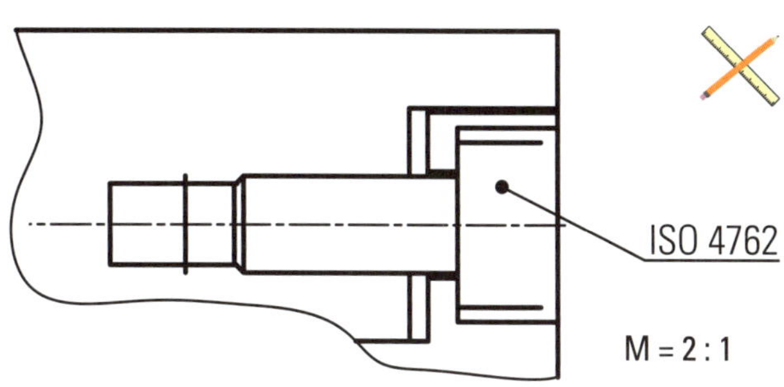

Teilzeichnung anfertigen

SIEHE DOWNLOAD: PROJEKT 4, AUFGABE 25

25. Ergänzen Sie die Teilzeichnung für den Deckel Pos. 4.

Schweißen

Für einen Dauer-Laufversuch zur Bestimmung der nominellen Lebensdauer L_{10} der Rillenkugellager soll die Umlenkrolle in eine Vorrichtung gespannt werden. Der Grundkörper Pos. 1 dieser Vorrichtung wird durch Schweißen der Grundplatte Pos. 1.1 und der Stellplatte Pos. 1.2 gebildet.

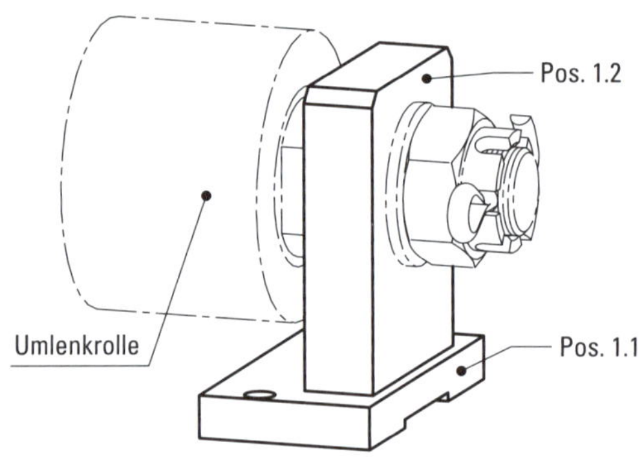

Schweißgruppe Grundkörper Pos. 1

Allgemeintoleranzen für Schweißkonstruktion ISO 13920 – BF

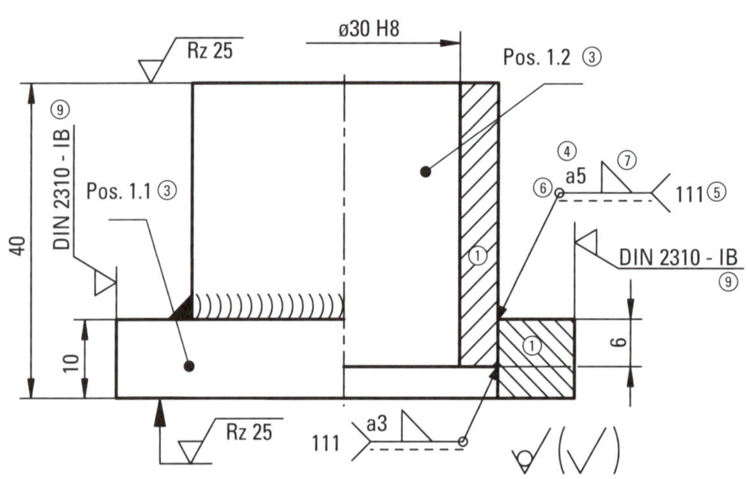

Allgemeintoleranzen für Schweißkonstruktion ISO 13920 – BF
Allgemeintoleranzen ISO 2768 – mk ⑧

Dazu ist entsprechend der Abbildung zu beachten, dass:

- die Einzelteile unterschiedlich schraffiert werden ①,
- die Schweißnaht bildlich und durch Schuppung dargestellt werden kann ②,
- die Schweißgruppe eine Positionsnummer, die zu schweißenden Teile zusätzlich Unternummern erhalten ③,
- nach ISO 2553 bei der Kehlnaht die Nahtdicke in mm ④, die Ordnungszahl für das Schweißverfahren ⑤, das Zusatzzeichen ⑥ und das Symbol der Schweißnaht ⑦ angegeben werden,
- die Allgemeintoleranz ⑧ für die Maße der spanenden Fertigung und die Schweißkonstruktion anzugeben sind,
- durch thermisches Trennen erzeugte Flächen nach DIN 2310 ⑨ festgelegt werden,
- die Stückliste in der Zeile der Schweißgruppe keine Werkstoff- und Halbzeugangaben enthält.

26. Vervollständigen Sie die Zeichnung des Grundkörpers Pos. 1 unter Beachtung folgender Vorgaben:

- Grundplatte Pos. 1.1 und Stellplatte Pos. 1.2 aus blankem, gut schweißbaren Baustahl mittlerer Festigkeit,
- umlaufende Kehlnaht mit 4 mm Nahtdicke, MAG-Verfahren, Ordnungszahl siehe ISO 4063,
- Allgemeintoleranz für Schweißkonstruktion ISO 13920 – BF,
- Anlage- und Auflagefläche nach dem Schweißen bearbeiten,
- Funktionsmaße und Aussparung entsprechend dem Gussteil.

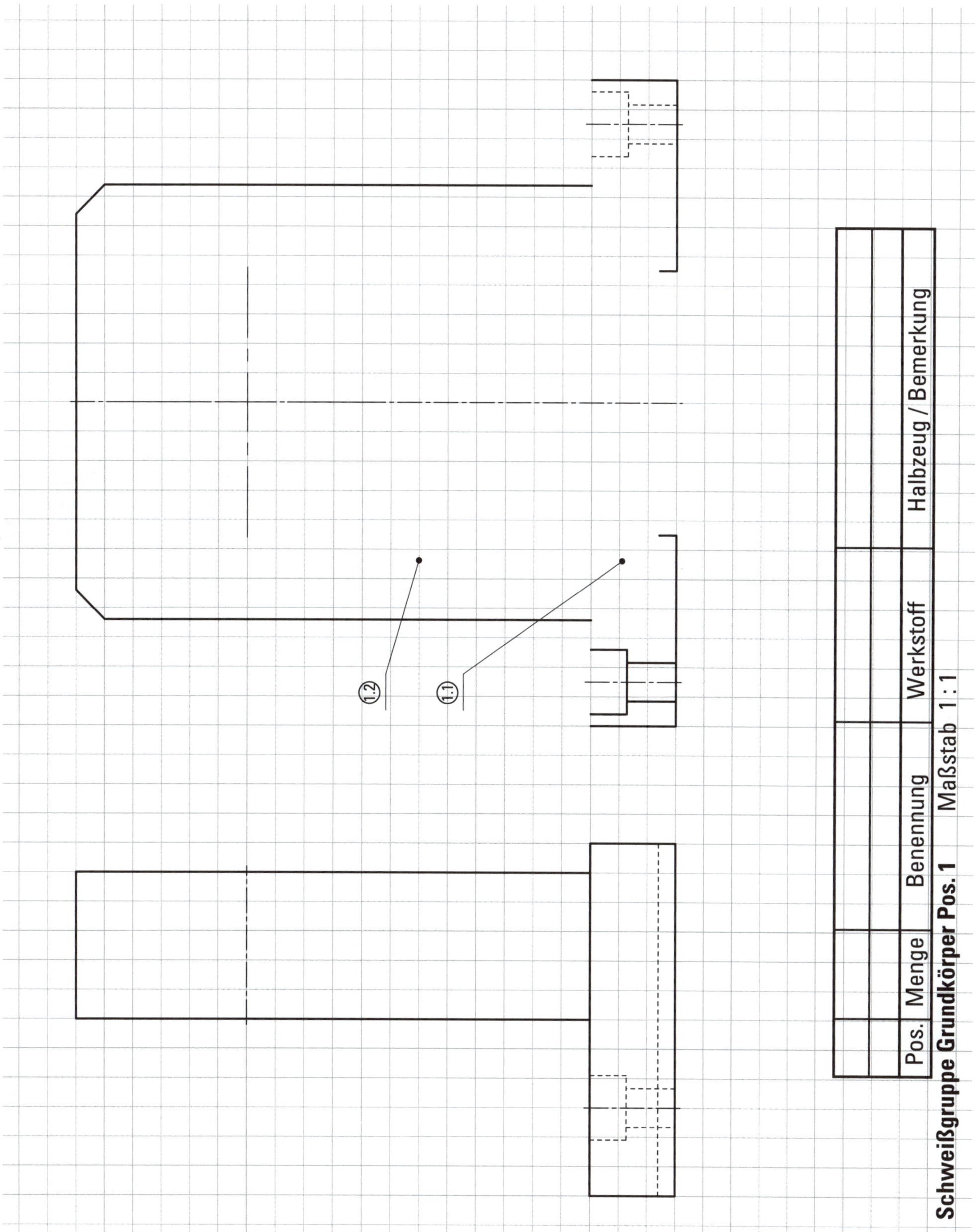

Das Schweißen stellt eine stoffschlüssige Verbindung dar.

27. Ergänzen Sie in der Tabelle die in der Umlenkrolle vorkommenden Verbindungsarten.

Kraftschlüssige Verbindung zwischen	Formschlüssige Verbindung zwischen	Stoffschlüssige Verbindung zwischen
Schraubverbindung Pos. 4 und Pos. ___, Pos. 12 und Pos. ___	Sicherungsring Pos. 8 auf ___ Pos. ___	Schmelzschweißen des Grundkörpers Pos. 1 der Vorrichtung
Einpressen Pos. 2, Pos. ___ und Pos. ___, Pos. ___ und Pos. ___	Splint Pos. 13 und ___ Pos. ___	
Zusammensetzen Pos. 1 und Baugruppe ___, Baugruppe ___ und Gehäuse, Pos. 5 und Gehäuse	Baugruppe B und ___	

Wendemodul

Das Band der Fördereinrichtung soll um ein Wendemodul am Ende der Bandstrecke ergänzt werden. Dieses Modul dient dazu, die Bauteile auf dem Förderband vor dem Verpacken maschinell zu drehen. Der im Wendemodul eingebaute Schwenkantrieb wird pneumatisch betrieben und manuell ausgelöst.

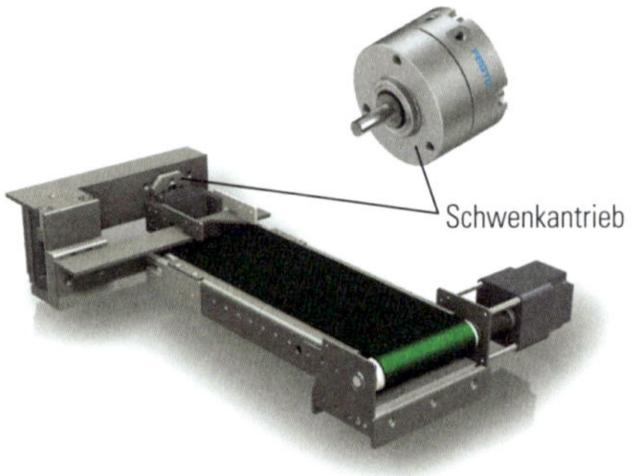

Pneumatik

In der Pneumatik wird die Energie der Druckluft zum Antreiben von Maschinen und zum Übertragen und Verarbeiten von Signalen verwendet. Bei pneumatischen Anlagen werden die Komponenten durch Schläuche und Rohre zu pneumatischen Baugruppen verbunden.

28. Nennen Sie vier Merkmale, durch die sich pneumatische Steuerungen und Antriebe positiv auszeichnen.

Pneumatikpläne stellen die pneumatischen Bauteile nach Baugruppen der Drucklufterzeugung, Signaleingabe, Verarbeitung und Antrieb von unten nach oben dar. Die Lage der Bauteile im Schaltplan entspricht somit nicht der tatsächlichen Lage. Die Baugruppen werden durch Symbole nach ISO 1219-1 dargestellt und sind im Tabellenbuch aufgeführt (Seiten S2 und folgende sowie S15 und folgende).

Zylinder und Ventile werden in der Stellung dargestellt, in der sie sich beim Einschalten der Anlage befinden. Die Kennzeichnung der Bauteile erfolgt nach DIN EN 81346-2.

29. Vervollständigen Sie den Pneumatikplan für den Schwenkantrieb unter Berücksichtigung der folgenden Rahmenbedingungen:

- Drehgeschwindigkeit des Schwenkantriebs in beiden Richtungen einstellbar,
- Luftaufbereitung aus einem Filter mit Abscheider und Druckreduzierventil mit Manometer,
- Stellglied des Schwenkantriebs soll den Startimpuls nicht speichern und indirekt angesteuert sein.

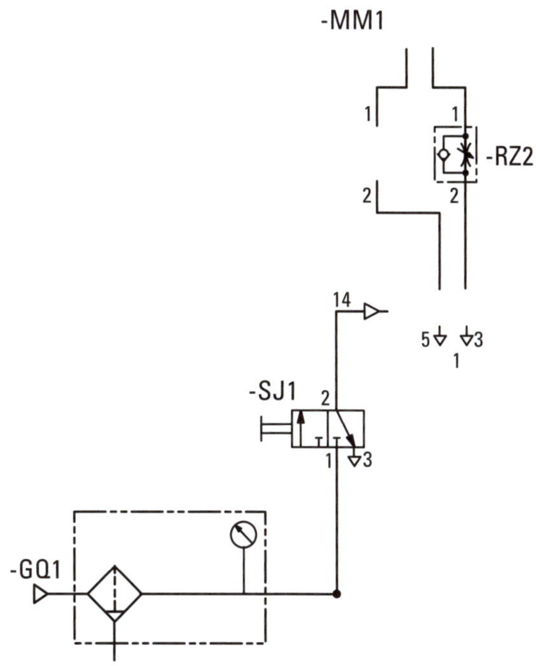

Pneumatikplan für Schwenkantrieb

30. Laden Sie das Datenblatt des Schwenkzylinders herunter und bestimmen Sie die maximale Schwenkfrequenz bei 6 bar.

SIEHE DOWNLOAD: PROJEKT 4, AUFGABE 30

Für individuelle Notizen

Zahnradpumpe

Mit hydraulischen Anlagen können beispielsweise in der mechanischen Fertigung Werkstücke sicher gespannt und schwere Lasten gehoben werden. Sie ermöglichen rationelles Arbeiten, steigern die Qualität der Produkte und unterstützen die Humanisierung des Arbeitsplatzes.
Pumpen unterschiedlicher Bauart fördern das Druckmedium und erzeugen den notwendigen Druck. Die Gesamtzeichnung zeigt die technische Ausführung als Zahnradpumpe.

Hydraulisches Spannsystem einer CNC-Drehmaschine

Gesamtzeichnung und Stückliste

1. Legen Sie die Deckel (Pos. 5 und Pos. 6) und das Gehäuse Pos. 2 der Zahnradpumpe in der Gesamtzeichnung verschieden farbig an.

2. Ergänzen Sie die Stückliste sowie die Positionsnummern in der Gesamtzeichnung.

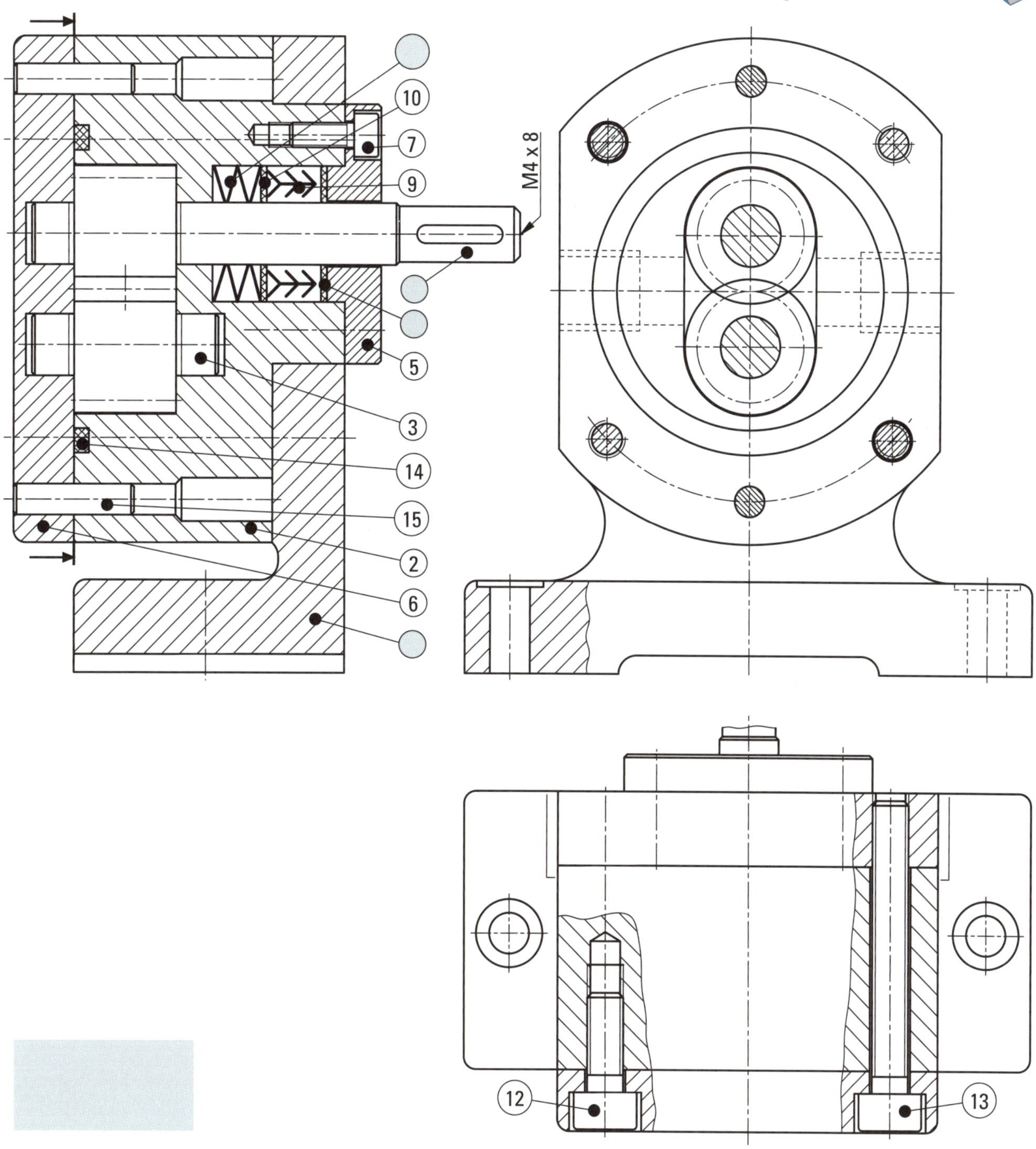

15	2		100Cr4	
14	1			45 x 3,55 - N - FPM85
13		Zylinderschraube	24CrMo5	ISO 4762 - - 8.8
12		Zylinderschraube	24CrMo5	ISO 4762 - M6 x 50 - 8.8
11	4	Tellerfeder	EN 10089	DIN 2093 - A 22
10	1	Scheibe	160 HV	
9	1	Packungssatz		ø22/ø10 - 9
8	1	Scheibe	200 HV	
7	4		24CrMo5	M4 x 8 - 8.8
6	1	Deckel	S235JR	
5	1	Deckel	S235JR	
4	1	Zahnrad mit Welle	16MnCr5	(z = 9; m =
3	1			(z = 9; m = 2 mm)
2	1	Gehäuse	S235JR	
1	1	Grundkörper		DIN EN 1561
Pos.	Menge	Benennung	Werkstoff	Halbzeug / Bemerkung

Zahnradpumpe Maßstab 1 : 1 Allgemeintoleranz - mK

Für individuelle Notizen

Funktionsanalyse

3. Benennen Sie diejenigen Bauteile mit Bezeichnung und Positionsnummer, die sich während des Betriebs der Zahnradpumpe bewegen.

4. Wozu werden die beiden Zylinderstifte Pos. 15 benötigt?

5. Wie erfolgt die Abdichtung der Zahnradpumpe?

6. Finden Sie mithilfe des Tabellenbuchs heraus, welche Art der Verzahnung die beiden Zahnräder (Pos. 3 und Pos. 4) besitzen.

Tabellenbuch Seite   :

7. Woran ist zu erkennen, dass der Grundkörper Pos. 1 ein Gusskörper ist?

8. Finden Sie mithilfe des Internets heraus, welche wesentlichen Unterschiede eine außenverzahnte Zahnradpumpe gegenüber einer innenverzahnten hat. Ergänzen Sie die Tabelle.

Außenverzahnte Zahnradpumpe	Innenverzahnte Zahnradpumpe
Verdrängungsvolumen: bis l/min	Verdrängungsvolumen: bis l/min

Nenndruck:
     –   bar
	Nenndruck:
	     – bar

Geräuschentwicklung:
     (hoch/gering)
	Geräuschentwicklung:
	     (hoch/gering)

Kosten:
     (hoch/gering)
	Kosten:
	     (hoch/gering)

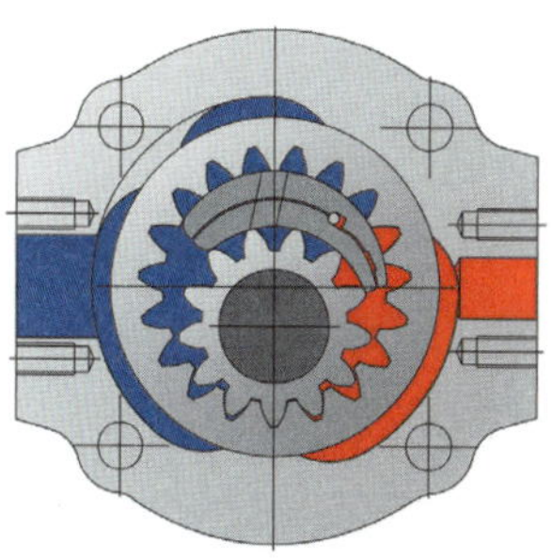

Innenzahnradpumpe

9. Ergänzen Sie zuerst in der Abbildung die Begriffe *Druckseite* und *Saugseite*. Beschreiben Sie anschließend anhand der drei Abbildungen die Funktion der Zahnradpumpe.

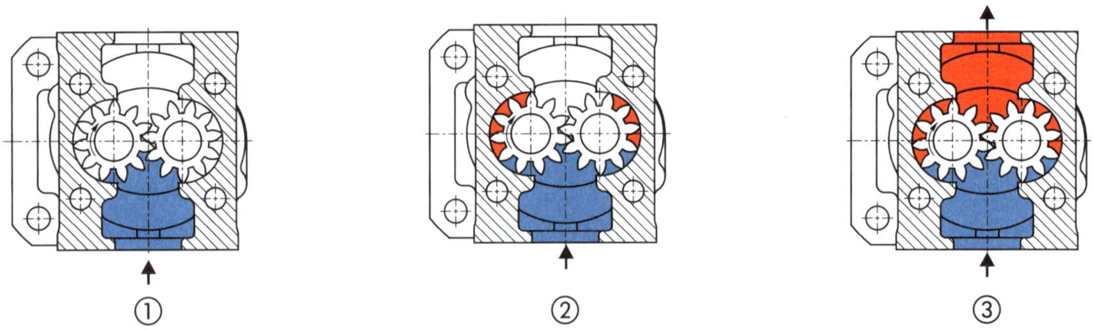

Außenzahnradpumpe

Ansaugen ①:

Fördern ②:

Verdrängen ③:

Montage und Berechnungen

SIEHE DOWNLOAD: PROJEKT 5, AUFGABE 10.1 BIS 10.6

10. Vervollständigen Sie den Montageplan und führen Sie die notwendigen Berechnungen durch.

Name:	Klasse:	Datum:	Seite: 62

Schaltpläne

Für den Aufbau von fluidtechnischen Schaltplänen gelten Normen und Regeln.

11. Entscheiden Sie, welche Aussage dazu jeweils richtig ist und kreuzen Sie an.

a) In Schaltplänen werden die Baugruppen von unten nach oben wie folgt geordnet:

- ◯ Signaleingabe, Antrieb, Signalverarbeitung, Druckluftversorgung
- ◯ Druckluftversorgung Signaleingabe, Signalverarbeitung, Antrieb
- ◯ Druckluftversorgung Antrieb, Signaleingabe, Signalverarbeitung

b)
- ◯ Die Darstellung der Bauteile im Schaltplan entspricht **nicht** der tatsächlichen Lage in der Realität.
- ◯ Die Darstellung der Bauteile im Schaltplan entspricht der tatsächlichen Lage in der Realität.

c) Zur Darstellung der Baugruppen werden ◯ genormte / ◯ frei definierbare Symbole verwendet.

d) Zylinder und Ventile werden in der Stellung dargestellt, in der sie sich …

- ◯ nach dem Start der Steuerung befinden.
- ◯ vor dem Start der Steuerung befinden.

e) Ventile, die vor dem Start der Anlage betätigt sind, werden durch …

- ◯ einen Schaltnocken gekennzeichnet und befinden sich in Schaltstellung.
- ◯ den Großbuchstaben **B** gekennzeichnet und befinden sich in Ruhestellung.

Schaltpläne in der Elektrotechnik stellen die zu einem Stromkreis zusammengeschalteten elektrischen Bauteile mit Hilfe von genormten Symbolen nach DIN EN 60617-11 dar.

12. Ergänzen Sie in der Tabelle die Bedeutung der abgebildeten Schaltzeichen mithilfe des Tabellenbuchs auf den Seiten ______ und ______ sowie mithilfe des Internets.

Schaltzeichen	Bedeutung	Schaltzeichen	Bedeutung
	Spannungsquelle Batterie		
	allgemein		
		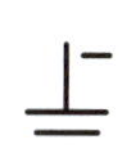	

		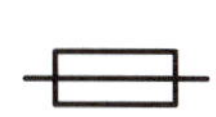	

Instandhaltung

Instandhaltung ist der laufende Prozess der periodischen Pflege und der regelmäßigen Wartung der Betriebsmittel wie Maschinen, Vorrichtungen und Einrichtungen. Sie umfasst die Wartung, Inspektion, Instandsetzung und die Verbesserung der Betriebsmittel.

13. **a)** Nennen Sie zwei Fachbereiche innerhalb einer Betriebsstruktur, die entscheidenden Einfluss auf die Instandhaltung innerhalb eines Betriebs haben.

b) Wie kann die Konstruktion eines technischen Systems positiven Einfluss auf die Instandhaltung nehmen?

Ein Hauptziel eines Unternehmens ist die Gewinnmaximierung. Kosten sollen also minimiert werden. Dieses Ziel wird auf jeden Unternehmensbereich übertragen und somit auch auf den Instandhaltungsbereich. Die Kosten der Instandhaltung wie beispielsweise Entlohnung der Fachkräfte oder Ersatzteilbeschaffung hängen vom Instandhaltungsaufwand (z. B. Reparaturzeiten) ab.

14. Vervollständigen Sie die folgenden Sätze über die Instandhaltungskosten und nennen Sie jeweils den Graphen (Farben: grün, blau oder rot), der diese Aussage belegt.

Je **weniger** Instandhaltungsmaßnahmen (______ Instandhaltungsaufwand), desto ______ sind die Instandhaltungskosten (→ ______ Graph).

Je ______ die Instandhaltungsintervalle (**kleiner** Instandhaltungsaufwand), desto ______ sind die Instandhaltungskosten (→ ______ Graph). Allerdings treten dadurch mehr Maschinenausfälle ein und die Ausfallkosten sind sehr ______ (→ ______ Graph).

Je ______ Instandhaltungsmaßnahmen (**hoher** Instandhaltungsaufwand), desto ______ sind die Instandhaltungskosten (→ ______ Graph).

Je ______ die Instandhaltungsintervalle (**hoher** Instandhaltungsaufwand), desto ______ sind die Instandhaltungskosten (→ ______ Graph). Die Anzahl der Maschinenausfälle ist dann relativ ______. Dadurch ______ die Ausfallkosten (→ ______ Graph).

Zwischen den ______ läufigen Kosten von Instandhaltungsaktionen und Ausfällen muss ein Optimum gefunden werden, damit die Gesamtkosten möglichst ______ sind (→ ______ Graph).

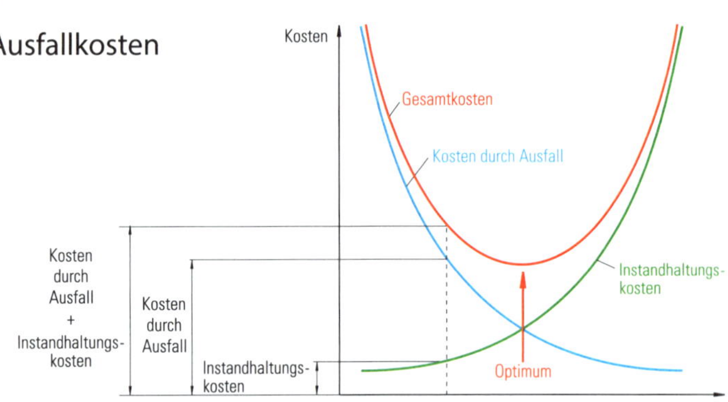

Kosten der Instandhaltungsmaßnahmen in Abhängigkeit vom Instandhaltungsaufwand

Wartung

Durch eine fachgerechte Wartung der Hydraulikpumpe soll dafür gesorgt werden, dass die Pumpe einsatzbereit ist und bleibt.
Aus diesem Grund wird regelmäßig der Systemdruck p_e an der Druckseite der Hydraulikpumpe gemessen.

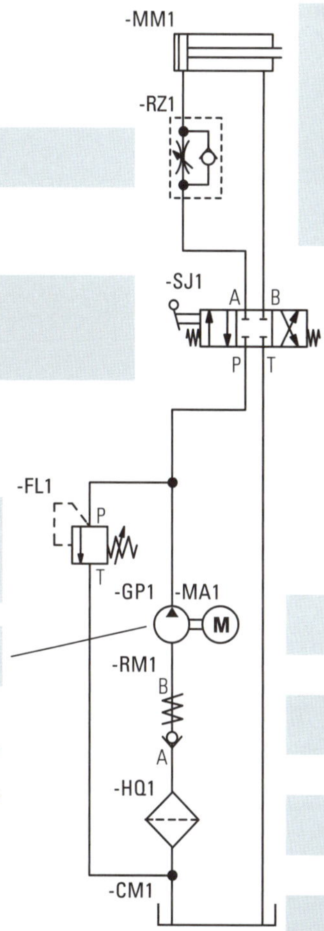

doppelt wirkender Zylinder mit einseitiger Kolbenstange

15. Ergänzen Sie das für die beschriebene Wartungstätigkeit benötigte Messinstrument -PG1 (Symbol und Leitungsverbindung) nach DIN ISO 1219-1 an der richtigen Stelle. Beschriften Sie außerdem den abgebildeten Hydraulikplan, indem Sie die Bauteile normgerecht nach DIN EN 81346-2 bezeichnen.

Arbeits- und Umweltschutz

Im Rahmen der Instandhaltungsarbeiten fallen häufig umweltbelastende Abfälle wie Altöle und Reinigungsmittel an und müssen gesondert gesammelt werden. Sie dürfen auf keinen Fall in die Kanalisation gelangen. Öl ist in der Lage, die

_____-fache Menge an Wasser zu verseuchen.

Vorschriftsmäßige Sammlung von Altölen und Reinigungsmitteln. Auslaufende Flüssigkeiten werden in der darunter liegenden Wanne aufgefangen.

16. **a)** Berechnen Sie mithilfe des Tabellenbuchs Seite _____ die Masse eines Kanisters, der mit 20 Litern Maschinenaltöl gefüllt ist.
Die Masse des leeren Kunststoffbehälters beträgt 2,5 kg.

b) Vergleichen Sie das Ergebnis aus Aufgabe a) mit der untenstehenden Tabelle und formulieren Sie eine Aussage über die Grenzhublast.

1. Grenzhublast in kg bei gelegentlichem Heben und Tragen (weniger als zweimal je Stunde; bis zu 3–4 Schritte)		
Lebensalter	Frauen	Männer
15–18 J.	15 kg	35 kg
19–45 J.	15 kg	55 kg
>45 J.	15 kg	45 kg
2. Grenzhublast in kg bei häufigem Heben und Tragen		
15–18 J.	10 kg	20 kg
19–45 J.	10 kg	30 kg
>45 J.	10 kg	25 kg

Anhaltswerte für Grenzhublasten nach Lastenhandhabungsverordnung

Hautkontakte mit Schmier- und Kühlschmierstoffen lassen sich bei Inbetriebnahme- und Instandhaltungstätigkeiten oft nicht vermeiden. Öle, insbesondere Mineralöle, entfetten und reizen die Haut und können zu Ekzemen, Ölakne oder Allergien führen. Öle und Schmierstoffe aus pflanzlichen und synthetischen Stoffen sind hautverträglicher und biologisch besser abbaubar. Sie können jedoch auch kritische Additive enthalten.

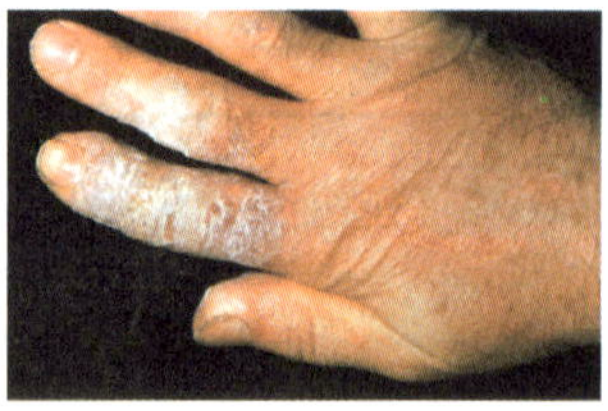

Hautekzem

Für individuelle Notizen

Schadenanalyse

Die Messung des Systemdrucks p_e ergab, dass sich der Druck im Vergleich zu den zurückliegenden Messungen deutlich verringert hat. Es gilt bei einer Schadensanalyse systematisch vorzugehen, um die Ursache für den Mangel zu erkennen und zu beheben.

Schritt 1
Schadensursache finden

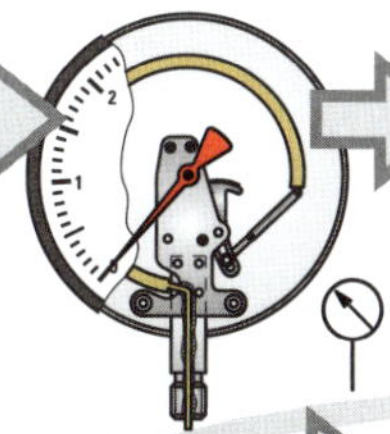

Mithilfe des Manometers -PG1 wird festgestellt, dass der Systemdruck p_e gesunken ist

Schritt 2
Sicherheitsmaßnahmen ergreifen

- ____________ zum Antrieb der Hydraulikpumpe unterbrechen und gegen ____________ sichern.
- Auffanggefäß für ____________ Hydraulikflüssigkeit bereitstellen.
- Vorsicht vor heißen und unter _____ stehenden Bauteilen.

Schritt 3
Defektes Bauteil ausbauen

Welche Baueinheit der Anlage ist auszubauen?
Die ____________ ist auszubauen.

Schritt 4
Demontage

Welche Bauteile sind zuerst zu demontieren, um die Ursache des Schadens möglichst schnell zu erkennen?
Zylinderschrauben (________ und ________), ____________

Schritt 5
Auswirkungen bewerten

Der Deckel Pos. 6 zeigt an der Kontaktfläche mit den Zahnrädern starke Verschleißspuren. Welche Auswirkung hat dies auf die Funktion der Pumpe im Betrieb?
Im Betriebszustand strömt das Hydrauliköl ____________ der Förderrichtung ____________

Schritt 6
Instandsetzung des beschädigten Bauteils

Welche Möglichkeit der Instandsetzung für den Deckel Pos. 6 gibt es?
Die Innenseite des Deckels Pos. 6 kann ____________ werden.

Schritt 7
Montage des instandgesetzten Bauteils

Der Deckel Pos. 6 und das Gehäuse Pos. 2 sind durch vier Schrauben verbunden. Die Verbindung zum Grundkörper erfolgt mit nur zwei Schrauben.
Begründen Sie diese konstruktive Gestaltung.
Vier Schrauben drücken den Deckel ____________ an und ____________ ihn besser ab.

Schritt 8
Überprüfung / Probelauf

Welches Bauteil der Anlage muss nach der Montage eventuell wieder neu eingestellt werden?
Das ________________________ (-FL1)

Schritt 9
Freigabe / Dokumentation

Die Abnahme und Freigabe erfolgt in der Regel durch den ____________

Unfallgefahren durch elektrischen Strom

Unweigerlich werden Sie im Rahmen Ihrer Wartungstätigkeiten mit elektrischen Betriebsmitteln und Anlagenteilen in Berührung kommen. Entweder dienen diese der elektrischen Energieversorgung oder der Signalverarbeitung in steuerungstechnischen Anlagen. Für Sie ist in diesem Zusammenhang besonders wichtig, dass Sie wissen und abschätzen können, welche Gefahren von diesen Anlagenteilen ausgehen und wann Sie eine Elektrofachkraft hinzuziehen müssen.

Merke

Wechselspannungen über 50 Volt, Gleichspannungen über 120 Volt und Ströme über 50 mA sind **für Menschen lebensgefährlich!**
Die Berührung mit einer Wechselspannung ist immer gefährlicher als die mit einer Gleichspannung, da es bei Wechselspannungen von 50 Hz bereits zu Herzkammerflimmern kommen kann!
Die Reparatur elektrischer Geräte und die Errichtung elektrischer Anlagen darf daher nur durch eine **Elektrofachkraft** vorgenommen werden!

17. Welche Telefonnummer wählen sie im öffentlichen Bereich, wenn Sie eine Person antreffen, die einen elektrischen Schlag bekommen hat? Begründen Sie.

Das Diagramm zeigt die Auswirkungen des elektrischen Stroms auf den menschlichen Organismus.

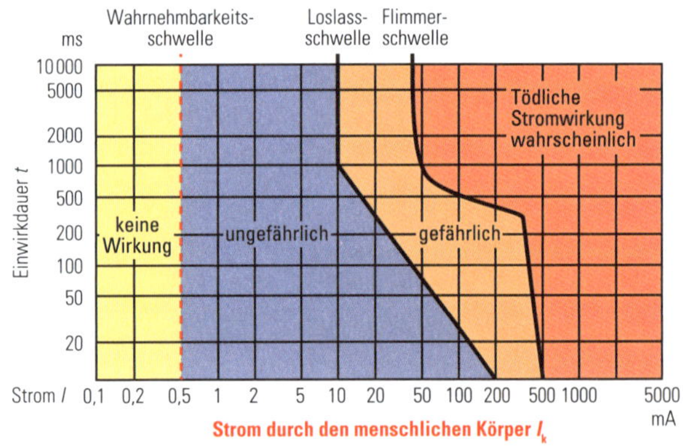

Gelber Bereich:	Keine Reaktion des Körpers
Blauer Bereich:	Keine gefährliche Wirkung
Oranger Bereich:	Gefahr, Herzkammerflimmern möglich
Roter Bereich:	Herzkammerflimmern, tödliche Stromwirkung wahrscheinlich

18. **a)** Welche beiden Größen haben entscheidenden Einfluss auf die Reaktion des menschlichen Körpers?

b) Welche Auswirkungen auf den menschlichen Organismus kann ein Strom mit der Stärke 100 mA je nach Einwirkdauer gemäß Diagramm haben?

c) Warum sind die im Diagramm gezeigten Werte nur als Richtwerte zu verstehen?

Die Zahnradpumpe wird durch einen Elektromotor angetrieben.
Dazu wird auf die Antriebswelle Pos. 4 eine Riemenscheibe montiert.

19. Skizzieren Sie die Vorderansicht der Riemenscheibe und beschreiben Sie, um welche Art der Welle-Nabe-Verbindung es sich in diesem Fall handelt. Informieren Sie sich dazu im Lehrbuch (HT3010 Kapitel 2.2.2.4).

Berechnung elektrischer Größen

Das Hydrauliköl im Öltank der Anlage wird täglich mit einem Heizelement (3000 W) 1 Stunde vorgewärmt.

Heizelement für Hydraulikanlagen

20. Berechnen Sie die Stromstärke und den Energiebedarf für eine Arbeitswoche (5 Tage).

Der menschliche Körper hat einen Widerstand, der ungefähr den Werten im nebenstehenden Bild entspricht.

21. **a)** Wie groß ist die Stromstärke, wenn die Person mit beiden Füßen auf dem Boden steht und mit der rechten Hand eine nicht gesicherte Spannungsquelle mit 80 Volt berührt?

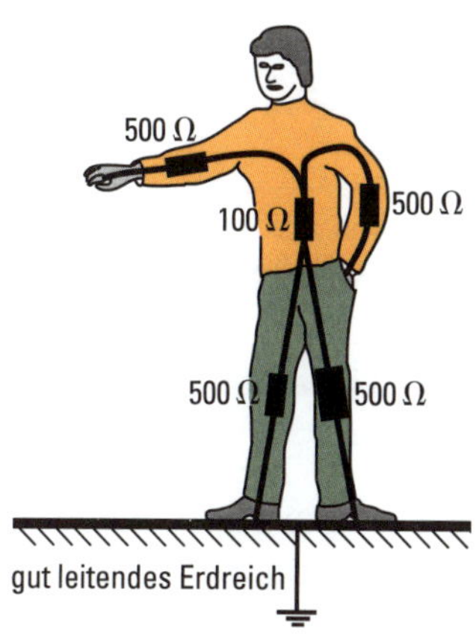

Widerstände des menschlichen Körpers

b) Nach welcher Zeit wäre dieser Strom durch den Körper lebensgefährlich (vgl. Diagramm Seite 68)?

Name: Klasse: Datum: Seite:

Technical English

Safety at work – Moving loads

In engineering industry, it happens quite often, that heavy and cumbersome objects have to be moved. For example, a large hydraulic pump has to be loaded onto a vehicle and moved from the workshop to the production hall. These movements of heavy loads involve careful planning and the anticipation of potential hazards. Generally, loads lifted manually should not exceed 20 kg. If loads exceed 20 kg mechanical lifting equipment has to be used. However, even lifting loads less than 20 kg can cause pain and damage your health. Always remember, that lifting loads incorrectly is one of the major causes of back trouble. The risk of personal injury and damage to equipment can be reduced by taking simple precautions before the lifting or handling operation begins.

Using mechanical lifting equipment

Do use mechanical lifting equipment with heavy loads such as …

power lifting equipment,

mechanical chain block (geared),

lever block.

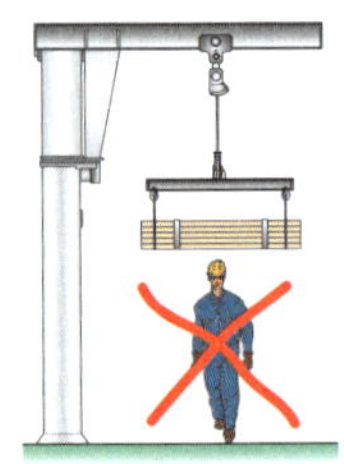

Never stand under suspended loads.

Do not swing the load.

Manual lifting of loads

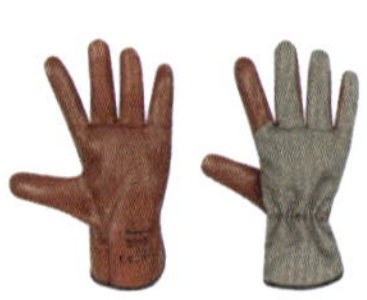

Wear gloves when the load has sharp edges.

Do not bend down with straightened legs.

Put your legs hip with apart and one foot slightly ahead of the other.

Your back must be straightened before taking the weight of the load.

Keep your head up and your chin drawn in first straightened your legs.

Hold the load to be lifted close to your body.

Then raise the upper part of your body.

When carrying the load, keep your body upright and the load close to your body.

Assignments

22. List arguments, why it is worth discussing the topic.

23. Make a list of heavy objects, which you have to move regularly in your workshop. Divide them into two groups (> 20 kg and < 20 kg).

24. Read the clues about lifting loads manually or with mechanical lifting equipment shown in picture. Then draw two fishbone diagrams onto an extra piece of paper as shown below.

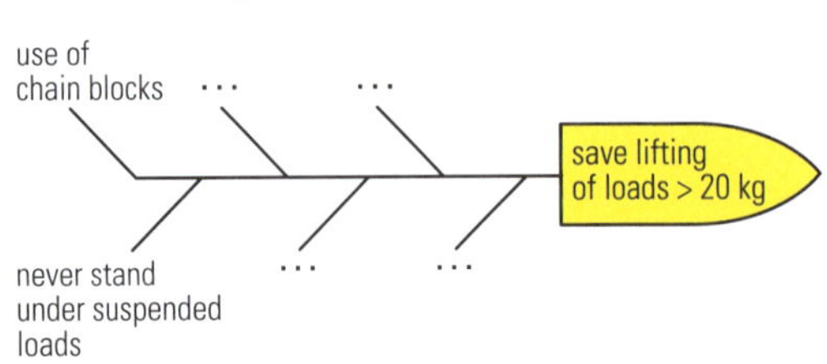